海棠文化丛书

海棠诗词鉴赏

张往祥　陈相雨 / 总主编
段德宁　王松景 / 编著

中国林业出版社

图书在版编目（CIP）数据

海棠诗词鉴赏/段德宁，王松景编著. -- 北京：中国林业出版社，2023.7
（海棠文化丛书/张往祥，陈相雨总主编）
ISBN 978-7-5219-2337-7

Ⅰ.①海… Ⅱ.①段… ②王… Ⅲ.①古典诗歌—诗歌欣赏—中国 Ⅳ.①I207.2

中国国家版本馆CIP数据核字(2023)第180414号

策划编辑：曹鑫茹
责任编辑：袁 理

出版发行：中国林业出版社
　　　　（100009，北京市西城区刘海胡同7号，电话 83143568）
电子邮箱：cfphzbs@163.com
网　址：www.forestry.gov.cn/lycb.html
印　刷：北京中科印刷有限公司
版　次：2023年7月第1版
印　次：2023年7月第1次
开　本：787mm×1092mm 1/16
印　张：15.75
字　数：242千字
定　价：98.00元

海棠文化丛书
编委会

主　任：张往祥
副主任：陈相雨　孙仁荣
编　委：（按姓氏笔画排序）
　　　　朱明亮　孙仁荣　张往祥　陈相雨　李　娜
　　　　邹　虎　周阿根　段德宁　贾文婷　曹青云
　　　　熊仁国

总序

　　海棠作为一种植物，是苹果属多种植物和木瓜属几种植物的通称，在学理上是蔷薇科的灌木或小乔木，其果实价值丰富，以"百益之果"著称，具有很高的食用和药用价值。

　　作为一种观赏花木，海棠树姿优美、花形潇洒，入秋后金果满树、芳香四溢，多用于城市绿化、庭院美化，常植于人行道两侧、亭台周围、丛林边缘、水滨池畔，是当今社会不可多得的著名观赏树种。

　　海棠花自古以来便受到人们的广泛喜爱。她是雅俗共赏的名花，素有"花中神仙""花贵妃""花尊贵"之美称，更有"国艳"之誉。历代文人墨客对海棠不吝赞美、欣赏和歌颂之词。

　　　　东风袅袅泛崇光，香雾空蒙月转廊。
　　　　只恐夜深花睡去，故烧高烛照红妆。

　　这是宋代大文豪苏东坡吟咏海棠的著名诗句，脍炙人口，世代传颂。苏轼的一生坎坷曲折、命运多舛，在他写下这首《海棠》诗时，已过不惑之年，但他痴情海棠、借花喻人，不但表达出他历经世事的超然和洒脱，更令人在隐约中触摸到了他驱除黑暗的侠义与厚道之心。足见海棠在苏东坡心中无可替代的情感地位。

其实，不单是苏东坡，还有李清照、陆游等一大批诗人、词人热爱海棠、痴情海棠，将世间最美的诗、词、句献给了海棠。也不单单是诗词歌赋，还有以海棠为题材的绘画，如宋代佚名《海棠蛱蝶图》、现代大师张大千晚年画的《海棠春睡图》等等，都赋予了海棠独特的艺术魅力。作为古典小说的巅峰之作《红楼梦》，海棠更是书中不可或缺的文学意象，海棠诗社、海棠诗、白海棠春花秋放等谜团，是很多学者和广大文学爱好者颇感兴趣的话题。

海棠是一种观赏植物，但又不止于植物，她影响文人墨客，并嵌入广大人民群众的日常文化生活。一个人喜欢海棠，叫偏好，而一群人喜欢海棠，那就是文化。从技术和产业层面来理解海棠、研究海棠，一直以来是很多海棠科技工作者和相关管理部门的分内之事。尽管，海棠科技创新、成果转化和产业发展极其重要，但由于其专业性强、进入门槛高，广大人民群众对海棠的了解程度，与海棠在经济社会生活中的地位并不相称。倘若从文化层面研究海棠、讲述海棠、传播海棠，人民群众不但更愿意接受，而且还会因为群众基础得到夯实、市场需求进一步扩大，海棠科技创新、成果转化和产业价值链的升级也就有了强劲的社会动力。因此，不管从哪个方面讲，都应该重视和发展海棠文化。

南京林业大学是一所以林学为优势，理、工、农、文、管、经、法、艺等多学科协调发展的高水平大学，在海棠良种选育、栽培技术、高值化利用及产业化等方面有着扎实的研究基础和突出的科研优势，尤其是以汤庚国、张往祥为代表的一大批教授、学者，在海棠科技创新、海棠产业规划、海棠文化发掘和传播等方面作出了颇为有力的探索，在相当程度上对海棠文化的发展繁荣起到了推动和引领作用。

植物文化是当前生态文化研究的重要领域和方向，国内外有一大批研究者长期深耕于这一领域，有的还作出了特别重要的贡献，但其研究成果整体上呈现选题丰富、形式多样、质量参差不齐等特征。作为植物文化重要组成部分的海棠文化，虽然历史久远、影响广阔，但真正从事海棠文化研究的学者并不多，对海棠文化进行挖掘、整理和传播，也在一定程度上成为极有必要、极有挑战、极有意义的事情。以张往祥教授为代表的"南林学人"，秉承"诚朴雄伟，树木树人"校训精神，弘扬"团结、朴实、勤奋、进取"优良校风，以实现"黄河流碧水、赤地变青山"为理想目标，整合一批研究海棠文化的有生力量，组织编写这套海棠文化系列丛书，力争以优异的成果为植物文化研究和国家生态文明建设作出应有贡献。这其中，既有他们对海棠文化那份执着、热烈的爱，更有一种挖掘、整理和传播海棠文化的责任和担当。

这套海棠文化丛书内容包括《历代海棠诗词集萃》《〈海棠谱〉校注》《海棠诗词鉴赏》及海棠文化研究、海棠栽培史、海棠文学意象研究、《红楼梦》与海棠等海棠科普读物，还涉及海棠书法作品、海棠绘画作品、海棠摄影图集等多个方面，大致呈现如下三个优势。

其一，创新明显。干任何事情，都须敢为人先、锐意进取、开拓创新，否则就无法立于时代潮头，最终也会被时代抛弃。以往大家都从科技、产业等层面研究海棠，很少有人关注和聚焦海棠文化研究，即便有人介入这一领域，也多为浅尝辄止，成果影响甚为有限。以张往祥教授为代表的南京林业大学团队，不怕困难、敢为人先、开拓创新，针对植物文化领域缺少高水平海棠文化研究成果的现实，组织编撰了这套丛书，这在相当程度上填补了学界在这一领域的成果空白。这套丛书的出版，准确诠释了敢闯敢试、敢为人先、开拓创新的"南林学人"精神。

其二，雅俗共赏。海棠文化丛书与其他丛书相比，最大之不同或亮点在于雅俗共赏。雅，则为学理深刻、品位高雅，典型的要数《〈海棠谱〉校注》、海棠文化研究、海棠栽培史、海棠文学意象研究、《红楼梦》与海棠等方面的成果；俗，即面向大众，追求喜闻乐见、通俗易懂，具有代表性的当属海棠书法作品、海棠绘画作品、海棠摄影图集等方面的成果。事实上，"雅""俗"在这套丛书中并无明显界限，"雅"中有"俗"，"俗"中带"雅"；"俗"是通向"雅"的阶梯，"雅"

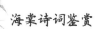

是"俗"的追求目标,例如《历代海棠诗词集萃》《海棠诗词鉴赏》等成果。

其三,体系严整。这套海棠文化丛书内容涵盖领域之广、表现手段之多样,为其他同类作品所不具。而且,这套丛书的各部分,彼此关系紧密、内容环环相扣、逻辑严丝合缝。单就海棠文化而言,这套丛书是当前内容最为丰富、体系最为完备、表现手段最为多样的研究成果;即便在植物文化这一相对较大的研究领域,体系如此完备严整的文化丛书也是难得一见。

在深入推进生态文明建设的背景下,人民群众对植物文化的需求随之越来越高,植物文化产品的供需矛盾也日渐明显,由南京林业大学组织编撰的海棠文化丛书可谓上合政策、下合民意、恰逢其时、可喜可贺。这套丛书的出版,必将促进海棠文化的持续繁荣,同时也希望有越来越多的研究者关注、研究和传播海棠文化,共同助力中国生态文明和美丽中国建设。

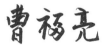

中国工程院院士、南京林业大学教授

前言

　　诗歌中有海棠，小说中有海棠，绘画中有海棠，音乐中有海棠，乃至礼仪习俗中也会有海棠的身影。海棠除了能满足人类特定经济药用之需，还在很大程度上影响着人类的精神生活。似乎很少能发现一种植物可以像海棠那样，既能够让文学家、艺术家、政治家、社会活动家等精英人士为之倾倒，又能够让普罗大众为之痴迷喜爱。

　　海棠，娇美动人，象征着幸福美好，作为特有的观赏植物，在我国有着2000多年的文化史。中国人也素有种海棠、赏海棠的文化习俗。在《诗经》中，早有对海棠的记载，比如《诗经·卫风·木瓜》一诗中的"木瓜""木桃""木李"就属于海棠类植物，古人也常将海棠果实作为礼品相互赠送。汉代，海棠因其明艳美丽，走进了帝王世家，成为皇家园林中不可多得的观赏植物。海棠姿态娇柔妩媚，晋代金谷园主人石崇，曾叹赞云："汝若能香，当以金屋贮汝。"唐玄宗李隆基更具深情，将心爱的妃子比作了海棠花，海棠从此便有了"美人佳丽"的身份隐喻。宋徽宗也是个海棠痴情种，他的园子里栽培的全是海棠，还有胜景美其名曰"海棠川"。如果没有才华横溢的唐伯虎，也就没有那幅忧伤缠绵的《海棠美人图》，"海棠春睡"或许永远只是一个典故。

  时至今日，海棠花开遍全国各地，可谓无处不在、无处不有，观赏海棠也成为人们日常生活中的一场审美盛宴。每年在海棠盛开的季节，人们纷纷走进海棠花海，用手机记录海棠的美艳，畅享海棠散发的迷人气息。海棠，因人而生动，人也因海棠而幸福。

  习近平总书记在党的二十大报告中指出："以社会主义核心价值观为引领，发展社会主义先进文化，弘扬革命文化，传承中华优秀传统文化，满足人民日益增长的精神文化需求，巩固全党全国各族人民团结奋斗的共同思想基础，不断提升国家文化软实力和中华文化影响力。"习近平总书记的报告，不仅为新时代满足人民日益增长的精神文化需求指明了方向，也为当前中国的海棠文化建设提供了根本遵循。

  为进一步整理研究海棠文化史料、深入挖掘海棠文化遗产，向社会传播海棠科学知识，弘扬中国海棠文化，不断满足人民群众多样化、多层次、多方面的精神文化需求，我们以交叉学科的视角，用有组织的科研方式，整合了林学、生态、文学、艺术、历史、传播、摄影等领域对海棠颇有研究的优秀学者，共同编撰海棠文化丛书，以此更好传承和传播中华优秀传统文化，助力提升国家文化软实力和中华文化影响力。我们深知，在这条探索的道路上还需要做很多工作，因而热忱期待各方有识之士不吝指教。

丛书编委会

2022 年 11 月 18 日

目录

唐代

遐方怨 温庭筠	2
初发嘉州寓题 薛能	5
蜀中逢友人 李频	7
送人赴职任襄中 罗隐	9
题嘉陵驿 张蠙	11
见花 韩偓	12
蜀中春日 郑谷	14
侯家鹧鸪 郑谷	16
蜀中赏海棠 郑谷	17
海棠图 崔涂	19
与夫同咏诗 苏检	20

五代

赞成功 毛文锡	24
定风波 欧阳炯	26
玉楼春 欧阳炯	28
思越人 冯延巳	31

01

宋 代

篇目	作者	页码
海棠（其一）	宋真宗	34
木兰花	柳永	37
木兰花	晏殊	39
诉衷情	晏殊	41
海棠	梅尧臣	43
桃源忆故人	欧阳修	45
渔家傲	欧阳修	48
次韵李学士勾院海棠	陈襄	50
禁中春寒	王安石	52
菩萨蛮	王安石	55
雨晴后，步至四望亭下鱼池上，遂自乾明寺前东冈上归，二首（其一）	苏轼	57
寓居定惠院之东，杂花满山，有海棠一株，土人不知贵也	苏轼	59
寒食雨二首（其一）	苏轼	61
海棠	苏轼	63
宫词	王仲修	66
留春令	晏几道	68
卷珠帘	魏夫人	70
感皇恩·海棠	晁补之	73
海棠	崔鶠	75

目录

念奴娇　曾纡 …… 77

虞美人·寒食泛舟　叶梦得 …… 79

桃源忆故人　朱敦儒 …… 82

好事近　周紫芝 …… 84

如梦令　李清照 …… 86

虞美人·东山海棠　李弥逊 …… 89

忆秦娥　蔡伸 …… 91

感皇恩　蔡伸 …… 93

和咏海棠韵　李祁 …… 96

窦园醉中前后五绝句（其一）　陈与义 …… 98

春寒　陈与义 …… 100

雨中对酒庭下海棠经雨不谢　陈与义 …… 102

倅车送海棠　张九成 …… 104

雨中海棠　程敦厚 …… 106

虞美人·和姚伯和　王千秋 …… 107

鹧鸪天·春暮　赵长卿 …… 110

瑞鹤仙·暮春有感　赵长卿 …… 112

海棠　张勉窗 …… 114

虞美人·和姚伯和　王千秋 …… 116

二月有霜海棠颇瘁　姜特立 …… 118

过江至萧山县驿东轩海棠已谢　陆游 …… 120

海棠　陆游 …… 120

03

篇目	作者	页码
夜宴赏海棠醉书	陆游	123
海棠歌	陆游	125
花时遍游诸家园（其一）	陆游	127
海棠二首（其一）	陆游	128
赏海棠三绝（其一）	范成大	129
蝶恋花	张抡	131
醉落魄·正月二十日张园赏海棠作	管鉴	133
沁园春	白玉蟾	135
忆秦娥	王炎	137
海棠绝句	陈傅良	139
临江仙	辛弃疾	141
祝英台近	辛弃疾	143
观海棠有成	宋光宗	145
海棠	任希夷	147
垂丝海棠	任希夷	149
宫词	杨皇后	151
金陵杂兴二百首（其八）	苏泂	153
山隐竣事海棠正花二首（其一）	钱时	156
悯海棠	钱时	158
满江红	洪咨夔	160
咏西山海棠	方信孺	162

黄田人家别墅缭山种海棠为赋二绝（其二） 刘克庄 …… 164

熊主簿示梅花十绝，诗至梅花已过，因观海棠辄次其韵（其五） 刘克庄 …… 165

如梦令 吴潜 …… 166

满江红 吴潜 …… 168

满江红 吴潜 …… 170

海棠春·已未清明对海棠有赋 吴潜 …… 172

满江红·乙卯咏海棠 李曾伯 …… 174

海棠一夜为风吹尽三首（其一） 姚勉 …… 177

偈颂一百零二首（其一） 释绍昙 …… 180

贺新郎 何梦桂 …… 183

嘉禾百咏（其一） 张尧同 …… 187

好事近·浙江楼闻笛 汪元量 …… 189

忆秦娥 汪元量 …… 190

一路海棠正开 陈普 …… 192

金 代

清平乐 元好问 …… 194

同儿辈赋未开海棠二首（其二） 元好问 …… 198

元 代

临江仙·海棠 刘秉忠 …… 200

薄幸 仇远 ……

明代

少年游　萨都剌	202
送边伯京之闽　王冕	204
花心动·剑浦有感　张翥	207
邻园海棠　张昱	209
浣溪沙·上巳　杨基	212
二月二日寄友　韩奕	215
春日即事　瞿佑	217
题海棠双鸟　张肯	219
春词（其四）　朱诚泳	220
题海棠白头翁便面次韵（其一）　钱洪	221
题海棠美人图　唐寅	223
题拈花微笑图　唐寅	225
雨中看垂丝海棠　王叔承	228

清代

| 咏白海棠　曹雪芹 | 232 |

后记

唐代

遐方怨[1]

[唐] 温庭筠

凭绣槛,解罗帷[2]。未得君书,断肠潇湘[3]春雁飞。不知征马几时归。海棠花谢也,雨霏霏[4]。

注释

[1] 遐方怨:词牌名。原唐代教坊曲名,此调有两体。单调以本词为定格,三十二字,共七句。双调以孙光宪《遐方怨(红绶带)》为定格,六十字,前后段各六句。

[2] 罗帷:罗帐,丝织的帘幕。

[3] 潇湘:潇水和湘水的总称,泛指湖南湘江流域。因娥皇、女英死于湘水,所以传统文学意象中多以潇湘表达一种哀思之情。

[4] 霏霏:雨雪烟云盛密的样子。

作者简介

温庭筠(约801—866),本名岐,字飞卿,太原(今山西太原西南)人。出身没落贵族家庭,为唐初宰相温彦博后裔。富有天赋,文思敏捷。然恃才不羁,多犯忌讳,因此得罪权贵,屡试不第,一生坎坷潦倒。唐宣宗时被贬为隋县尉。后襄阳刺史署为巡官,授检校员外郎,不久离开襄阳,客于江陵。唐懿宗时曾任方城尉,官终国子助教。

温庭筠精通音律,诗词兼工。诗与李商隐齐名,时称"温李"。其词更是刻意求精,注重文采和声情,成就在晚唐诸人之上,被尊为"花间派"之鼻祖。在词史上,与韦庄齐名,并称"温韦"。

译文

我独自凭靠在雕花的栏杆上,解开锦绣的罗帐。期盼的书信还未到来,只能看着潇湘的群雁向北飞去,相思的人儿愁得肠断。不知道远行的征马几时能载你而归。此时窗外海棠花已经凋谢,雨也霏霏地下着,使人更生惆怅。

赏析

　　温庭筠的诗词作品，辞藻华丽，浓艳精致，内容多写闺情。本词也从一位思妇的视角来传达相思之情。词中先写妇人靠在雕花的栏杆上，解开罗帐，其视野自然朝向了远方。这时候目光所及看到的就是一行行的大雁，从潇湘之上飞向北方。潇湘在中国传统文化中一直具有相思、愁怨、幽情等文化意涵。而温庭筠也在荆楚之地为官，自然了解其中的意味。

　　正是春雁归还故巢之举，给妇人带来无限的哀愁，自己的丈夫征战未归，又得不到任何的书信，自是生出无限的哀怨。这哀怨又随着眼前海棠花的凋谢，而显得更加具有无穷的悲凉之意。海棠花在这里正是感染着情绪的意象，它在霏霏的细雨中被无情地打落，意味着美好时光、美妙的事物无情地流逝。花落容颜老，妇人寄情于物，从海棠花感受到自身的憔悴无助，从而真切地传达出自身的情感。这首词将风雨与海棠花凋零结合在一起，形成了一个非常经典的海棠意象，这种悲凉意境在后世的海棠文学作品中也不断地被重复使用。

初发嘉州[1] 寓题

[唐] 薛能

劳我是犍为[2]，南征又北移。
惟闻杜鹃夜，不见海棠时。
在暗曾无负，含灵[3]合有知。
州人若爱树，莫损《召南》[4]诗。

注释

[1] 嘉州：古蜀地（今四川眉山）。
[2] 犍为：古县名，唐代属嘉州。
[3] 含灵：内蕴灵性，也指具有灵性的人类。
[4]《召（shào）南》：《诗经》中的十五国国风之一，为先秦时代召南地方民歌，共十四篇。召南指召公统治的南方地域。

作者简介

薛能（约817—880），字太拙，河东汾州（今山西汾阳）人。晚唐大臣，著名诗人。会昌六年（846）进士及第，授职周至县尉。仕宦显达，曾任太原、陕虢、河阳三镇从事，嘉州刺史，工部尚书，忠武军节度使等官职。广明元年（880）被许州大将周岌所驱逐，全家遇害。《全唐诗》收其诗四卷。

译文

从嘉州到犍为县来回地赶路，使我感到舟车劳顿。在那黑暗的夜里，只能听到杜鹃的啼叫声，而看不到海棠花的身影。即使是在晦暗不明时也不曾辜负此生，只因人类有内在的灵性，并能觉知世事。此地民众若是真的喜爱海棠树，请记得《召南》诗歌里"以甘棠喻贤者"的深意，不要违背它。

赏析

薛能主要生活在晚唐，一生为官多地，游历众多地方，最后官至节度使。从本诗题目可以看出，此诗是作者任职嘉州刺史时所作。

诗一开始作者就描绘了自己辗转于各地、不断地奔走，其中的辛劳溢于言表。紧接着对"惟闻杜鹃、不见海棠"夜晚的描绘，既是对现实场景的描写，进一步显现作者奔徙的辛苦，同时也是对人生境况的一种隐喻，揭示自己主政嘉州所面临的人生困境。虽然诗的前两联表达了极其苦闷的意味，但第三联中传达了诗人积极的心态：即使在黑暗之时也不应辜负人生，因为人是有灵性、有智慧的存在。

  这首诗最后一句，作者更是借助《诗经》典故，进一步表明了自己的内心志向。《诗经·召南》为召南地方民歌，其中有《甘棠》一篇，通过对甘棠树的赞美和爱护，表达了对召公的赞美和怀念，颂扬了召公的德政。海棠和甘棠同属蔷薇科植物，而在此诗中也极有可能等同言之。诗人告诫州人"莫损召南诗"，其实是让百姓感念治理有功之人。借此海棠便成为德政之人的象征，作者期许自己也能像召公一样，成为德泽一方的主政者。即使现实中如此辛劳，时常处在昏暗中，但海棠所代表的理想成为诗人前行的动力。概观全诗，作者对于人生境况的切身描绘，对内心志向的含蓄表达，对百姓知遇的殷切期待，都借由海棠花这一意象勾连起来。

蜀中逢友人

[唐] 李频

自古有行役[1],谁人免别家?
相欢犹陌上,一醉任天涯。
积叠山藏蜀,潺湲水绕巴。
他年复何处,共说海棠花。

注释

[1] 行役:旧指因服兵役、劳役或公务而出外跋涉。泛指行旅、出行。

作者简介

李频(约818—876),字德新,睦州寿昌(今浙江建德西南)人。唐代后期诗人,幼读诗书,博览强记,领悟颇多。大中八年(854)进士及第,授职校书郎,历任南陵主簿、武功令等职。著有《梨岳集》一卷,附录一卷。

译文

自古以来人们就会因服役而远行,谁又能避免离开自己的家呢。我们在路上相逢甚欢,一起喝醉,不管身处海角天涯。巴蜀之地,被崇山峻岭重重掩藏,被潺湲的河水层层环绕。今后不知何年何处才能相遇,到时我们再说起今日的海棠花吧。

赏析

此诗是李频在蜀地相逢友人之作。诗人先是宽慰朋友离家在外,自古难以避免。既然离家在外,能够与相识之人重逢自然是非常高兴的事情。此种喜悦只能通过饮酒来表达,相饮甚欢之时也自然不管身处天涯海角了。

在这里,诗人又非常细致地描绘了蜀地的偏远。"积叠山藏蜀,潺湲水绕巴"一句通过倒装强调了山的"积叠",水的"潺湲",凸显了人们对于蜀地之难的固有印象。这一句既表明了些许离家在外难以归家的愁绪,但也凸显了两人相逢的不易,在此偏远之地能够相遇自是缘分。最后"他年复何处,共说海棠花"则同样夹杂着复杂的情绪。一方面不知道此番离别之后,下次何时何地才能相逢;另一方面又传达出对再次相逢、共叙情谊的期待和畅想。

诗中最后的海棠花承载多层的表达意蕴。一是海棠花本身是重要的审美意象。古时蜀地是海棠自然种群非常集中的地区，尤其西蜀海棠具有强烈的地域性特色。二是海棠花成为诗人和友人共同情谊和共同际遇的象征，两人相聚一起，很可能正在饮酒赏花，下次重逢必定重温此情此景。最后海棠花同样传达出一种喜悦的情感。诗中虽然情绪复杂，但相逢之悦却始终贯穿，尤其是最后一句的海棠花，为最后的情绪表达做了一个很好的收尾。

送人赴职任褎中 [1]

[唐] 罗隐

物态时情难重陈，夫君此去莫伤春。
男儿只要有知己，才子何堪更问津。
万转江山通蜀国，两行珠翠 [2] 见褎人。
海棠花谢东风老，应念京都共苦辛。

注释

[1] 褎中：唐县名。古代属于蜀国。

[2] 珠翠：珍珠翡翠。

作者简介

罗隐（833—910），原名罗横，字昭谏，新城（今浙江富阳）人，曾先后十余次参加进士试，因屡次不中改名为隐。唐中和年间，避乱隐居九华山。光启三年（887）后，投靠杭州刺史钱镠，历任钱塘县令、司勋郎中、给事中等职，世称罗给事。擅长写作诗文，尤其是咏史诗。《全唐诗》存其诗十一卷。

译文

世态人情难以一再叙说，你此次远赴褎中切不要伤春哀叹。男儿只要有知己存在就不必如此，更何况像你这样的有才之士更会有许多人不断寻访。江山万转通向远方的蜀国，可见到珠翠装扮的褎地人。到时海棠花已谢，东风也已吹尽，但不要忘记我们在京城同甘共苦的时光。

赏析

罗隐生活于唐代晚期，其诗歌多抒发怀才不遇之感，也有咏史讽刺之作，诗歌语言整体浅易流畅。从题目就可以看出本诗是一首送别之作，而送行主题在中国古代诗歌中大量存在。送别诗通常多劝慰朋友不要感伤，尤其是友人去往边疆险远的地方，本诗也采取了相似的表达模式。诗中一开始就表达了对于离别难以言说的复杂情绪，只能开解友人切莫感时伤春，因为有才学之人，到哪里都会有志同道合的朋友。

虽然一番开解，罗隐也指出了此去路途之艰难，历经千难万险、长途跋涉才能到达蜀地。但想必到了蜀地，必然是盛装打扮的蜀地美人相迎接，也正说明友人自会受到当地人欢迎，其才气俊逸可见一斑。诗人又遥想友人到达蜀地时，春天应该将尽，海棠花已经飘落。此时诗人反而叮嘱友人不要忘记两人共居京城的情谊。至此，整首诗从眼前的情景，逐渐写到远方的蜀地，最后又回到了眼前，形成了一个回环。在这个思绪的回转中，海棠花成为蜀地的一个景象标志，这印证了海棠花与蜀地的地域联系。同时，这里的海棠花谢正代表了春天将逝、东风已老，成为时节的重要表现。

题嘉陵驿 [1]

[唐] 张蠙

嘉陵路恶石和泥,行到长亭日已西。
独倚阑干正惆怅,海棠花里鹧鸪啼。

注释

[1] 嘉陵驿:唐代设置的驿站,在今四川南充北五里。

作者简介

张蠙(生卒年不详),字象文,清河(今河北邢台)人。唐哀帝天复初前后在世。张蠙幼时聪慧,因能作诗而被人所知。唐懿宗咸通(860—874)年间,与许棠、张乔、郑谷等人合称"咸通十哲"。乾宁二年(895)登进士第,做过校书郎、栎阳尉、犀浦令等官职,后来因避唐末战乱进入蜀地。

译文

嘉陵驿路道途险恶,满是山石泥泞。走到城外送别的长亭处,太阳已经西落。当我独自倚靠在栏杆上正惆怅时,却看到那繁盛的海棠花,听到里边鹧鸪啼叫的声音。

赏析

这首诗从题目就可看出写于旅行途中。嘉陵驿位于古代蜀地,其路途崎岖险远,诗人首句直接点明了这一点。正因路途难行,走至歇息的长亭已经是落日余晖。这崎岖的行路、傍晚的时分,再加上长亭素来为离别之地,诗人独自靠倚栏杆,一股无限的惆怅自然涌上心头。然而正是在这怅惘的情绪里,突然被眼前的景色引出几分喜悦。只听见一只鹧鸪在那繁盛的海棠花里自由啼叫。

在这首诗里,海棠花成为诗人情绪转换的触点。诗中前三句无疑都在渲染一种惆怅的基调。但最后海棠花与鹧鸪的出场,彻底扭转了前边景色的情绪。尤其是落日长亭的景象本是极蕴离别愁绪的场景,但配上繁盛的海棠花,就是一幅落日霞光配上浓艳春色的欢欣之景。同样,本是诗人独自无言的情景,突然听到花丛中跳脱的鹧鸪鸣叫,仿佛有人相谈诉说,从而一改之前的情感氛围。这种转变又反过来凸显了落日余晖下海棠花这一自然美景。

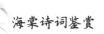

见花

[唐] 韩偓

褰裳[1]拥鼻[2]正吟诗，日午墙头独见时。
血染蜀罗[3]山踯躅[4]，肉红宫锦海棠梨。
因狂得病真闲事，欲咏无才是所悲。
看却东风归去也，争教[5]判得最繁枝。

注释

[1] 褰（qiān）裳：撩起下裳的意思。
[2] 拥鼻：掩鼻。也指"拥鼻吟"，即用雅音曼声吟咏。
[3] 蜀罗：蜀中织造的轻罗。
[4] 山踯躅（zhí zhú）：杜鹃花的别名。
[5] 争教：怎教。

作者简介

韩偓（约842—923），字致光，一作致尧，号玉山樵人，京兆万年（今陕西西安）人。晚唐大臣、诗人，翰林学士韩仪之弟，"南安四贤"之一。唐昭宗龙纪元年（889）进士及第，出佐河中节度使幕府，历任中书舍人、兵部侍郎、翰林承旨等职。韩偓聪敏好学，十岁能诗。其诗多感时伤事、慨叹身世之作，擅写宫词，辞藻华丽，人称"香奁体"。其姨父李商隐称赞其"雏凤清于老凤声"。

译文

提起衣裳，用雅音正在吟诵诗句，正午的太阳越过墙头时，恰好看到了那盛开的花。杜鹃花如血染的蜀地轻罗，海棠梨又似粉嫩的宫中锦缎。因为狂傲而遭人诟病真是无足挂齿，想要吟咏却根本没有那个才气才是可悲的事情。你看那东风吹尽后，谁又能分辨得出哪个才是最繁盛的花枝。

赏析

此诗名为《见花》，是诗人看见繁花后的有感之作。起笔处，诗人吟咏着诗句，可见诗兴正浓，恰又越过墙头看见一片花朵盛开。这里诗人将杜鹃花和海棠梨一起描述，一种殷红，一种粉嫩，两种花都如锦缎一般异常艳丽。诗歌前半部分主要是进行描写状物，为引出下文的内容做了极好的铺垫。

从吟咏的诗兴，到自然的春光，使诗人不免意气豪迈。"因狂得病真闲事，欲吟无才是所悲"一句，直接抒发了诗人的志向和胸臆。韩偓生于晚唐，而时运多有不济，但这不能改变其大气凛然的心胸。在其看来，因为有才学而显得张扬只是寻常之事，没有才学诗情才是最为可悲的。这种激昂的情绪溢于言表。诗歌最后两句看似在说东风已逝，群芳落尽，我们不再能看到繁花满枝的原貌，实际上却也是进一步回应了前面所言的志向。随着时间流逝，我们不能判断哪个花枝是最繁盛的，那人生在世时光匆匆，又何用在乎别人的看法而压抑了自己的性情。正是因为花会凋谢、时光易逝，人更要如繁花一般尽情绽放，不畏世俗的眼光。

整首诗中，作者由写景转入抒情，诗情由勃兴到激荡，给人以振奋的情绪。其中海棠梨和杜鹃花一起，既是诗人诗情的触发之物，又是其才情志向的象征物，最终形成了见花见志的表达方式。

蜀中春日

[唐] 郑谷

海棠风外独沾巾，襟袖无端惹蜀尘。
和暖又逢挑菜日[1]，寂寥未是探花人。
不嫌蚁酒[2]冲愁肺，却忆渔蓑覆病身。
何事晚来微雨后，锦江[3]春学曲江[4]春。

注释

[1] 挑菜日：旧俗，指挑菜节。每年农历二三月，百草生发，人们多至郊外挖取野菜，以应时节，制作春日的食物，称为挑菜。古代多以二月初二为挑菜节。

[2] 蚁酒：浊酒。因酒面浮有泡沫，故称。

[3] 锦江：岷江分支之一，在今四川成都平原。传说蜀人织锦濯其中则锦色鲜艳，濯于其他水中，则锦色暗淡，故称。

[4] 曲江：唐代长安最大的名胜风景区。安史之乱后荒废。唐文宗于大和九年（835）二月派神策军修治曲江。十月，赐百官宴于曲江。甘露之变发生后不久，下令罢修。

作者简介

郑谷（约851—910），字守愚，袁州宜春（今属江西）人。唐代末期著名诗人。少年时非常聪慧，七岁能够写诗。屡次举进士不中，光启三年（887）登进士第，任都官郎中，人称郑都官。又以《鹧鸪诗》得名，人称"郑鹧鸪"。其诗多写景咏物、感叹身世之作。曾与许棠、张乔等唱和往还，合称为"咸通十哲"。

译文

海棠花盛开时，春风吹来。我独自落泪沾湿了手巾，两袖也无端沾惹了蜀地的尘埃。天气和暖又遇上挑菜节的日子，寂寞空虚的却不是赏花的人。不嫌弃浊酒冲击着愁恼的肺腑，却想起渔人蓑衣盖在病重的身躯上。为什么傍晚下过小雨之后，这蜀地锦江的春色变成长安曲江的春色一般。

赏析

郑谷生活于晚唐时期，因时代的动荡而多写感慨世事之作。诗人在诗中描绘了蜀地春日里所见景象。海棠花开，春风吹来，即使如此美好的季节，但诗人依然无端地充满一丝愁绪。对于那些赏花、探花的人来说，正是天气和暖，又是外出挖取野菜的时日，怎么也不会觉得寂静清冷。但诗人却无法欣赏这番美景，回想自己已病痛缠身，世事诸多不顺意处，只能借酒来消解自己的愁绪。诗人的情感何以如此，最后两句给出了答案。微风细雨之后，锦江的春色宛如当年曲江的春色一般。这里既是对唐朝盛世的怀念，又是从蜀中对都城长安的遥望遐想。

在这首诗中，海棠花开、春风吹来是春天特有意象，同时也带给人一种生机盎然的气氛。这锦江的春色让人想起曲江之春，也必然是一番让人欣喜的场景。但别人的喜悦难抵自身的愁思，今昔春色难复曲江之春，诗人复杂的情感就由着这海棠花展现在诗中。

侯家鹧鸪 [1]

[唐] 郑谷

江天梅雨湿江蓠[2]，到处烟香是此时。
苦竹岭无归去日，海棠花落旧栖枝。
春宵思极兰灯[3]暗，晓月[4]啼多锦幕[5]垂。
惟有佳人忆南国，殷勤为尔唱愁词。

注释

[1] 侯家鹧鸪：侯家歌妓能唱鹧鸪词，郑谷因而作诗，题目便称《侯家鹧鸪》。
[2] 江蓠：古书上说的一种香草。
[3] 兰灯：精致的灯具。
[4] 晓月：拂晓时的月亮，即黎明时的月亮。
[5] 锦幕：锦制的帐幕。

译文

广阔江河上梅雨霏霏，打湿了传说中的江蓠，此时的烟雾到处充满香味。苦竹岭迟迟没有回去的可能，就像海棠花离开旧时所栖的枝丫一样，注定飘零远方。春夜里思虑极多难以入眠，灯光已经暗淡。黎明时月亮高悬天空，声声啼叫传来，这锦做的帐幕兀自垂落着。唯有美人回忆起南方的风光，如此殷勤地唱着抒发哀愁的词曲。

赏析

郑谷在此诗中描绘了梅雨天气中的江水景色，到处烟雨迷蒙。作者直接用"苦竹岭无归去日，海棠花落旧栖枝"表达了自己的内心感受与人生情绪。想要归去之处没有可能回去，只能像海棠花离开旧时曾经待过的枝丫一般，飘零而去。随着时间的流逝，诗人难以言表的情绪，又有几个人能够看得清楚，只有唱歌的佳人，殷勤唱起令人徒生愁绪的歌词。

在这首诗中，海棠成为一种重要的意象。作者以海棠比喻自身的身世处境。一方面，海棠花有旧时栖居的枝丫，恰如诗人旧时所居的处所、所处的地位。另一方面，诗人也如海棠花落一般，离开了自己曾经的人生场景，被迫飘零在外。从海棠花的美好，到海棠花落，诗人以此表达了对于自身沦落的忧愁。可以说，这里栖枝而居的海棠正是诗人的化身，总体是一种伤感的意象。

蜀中赏海棠

[唐] 郑谷

浓淡芳春[1]满蜀乡[2],半随风雨断莺肠。
浣花溪[3]上堪惆怅,子美[4]无心为发扬。

注释

[1] 芳春：春天。晋代陆机在《长安有狭邪行》中写道："烈心厉劲秋，丽服鲜芳春。"

[2] 蜀乡：蜀地。

[3] 浣花溪：位于四川成都西郊，为锦江支流。溪旁有唐代诗人杜甫的草堂，号浣花草堂。

[4] 子美：杜甫。杜甫，字子美。

译文

浓淡相宜的海棠花在春天开满了蜀地，但随着风雨的来临，花朵飘零，使得那黄莺仿佛也愁思哀伤。浣花溪上真是个让人惆怅的地方，连杜甫也无心吟咏这海棠花。

赏析

郑谷此诗题目言明是赏海棠，诗中前两句描绘了海棠之景。春天海棠花有浓有淡，遍布整个蜀地，自是一大美景。但风雨来临，海棠花零落而去，使人无限断肠。但诗人不言人而言黄莺，更加凸显了此景的哀情。一方面黄莺常伴海棠花，与花儿本应更为情深。另一方面，连动物尚且有此愁绪，更不用说赏景的人了。

诗的后两句，作者又将赏海棠和杜甫紧密地联系在一起。杜甫旅居成都之时，正是在浣花溪建了杜甫草堂，并在此写下许多绝美的诗篇。杜甫人尽皆知的"两只黄鹂鸣翠柳"就写于此处。这里的"黄鹂"就是黄莺。所以当郑谷感念黄莺断肠的时候，可能正是想到了杜甫的黄鹂。更进一步，这浣花溪如此让人惆怅，即使是杜甫也会生出许多愁绪，因而也就没有心情去吟咏这海棠花。事实上，郑谷这里引出了"杜甫不吟海棠诗"的文学典故。杜甫一生写诗甚多，且多吟咏花草，但唯独在诗中没有提及过海棠。尤其是在他常年居于蜀地、蜀地海棠闻名于世的情况下，这就更令人疑惑。后世不断有文人提及此事，并尝试给出自己的解释，但也未形成权威性的答案，成为文学研究中的一个有趣问题。

海棠图

[唐]崔涂

海棠花底三年客，不见海棠花盛开。
却向江南看图画，始惭虚到蜀城来。

作者简介

崔涂（约887年在世），字礼山，今浙江富春江一带人。唐僖宗光启四年（888）进士。终生漂泊，漫游巴蜀、吴楚、河南、秦陇等地，故其诗多以漂泊生活为题材，情调苍凉。《全唐诗》存其诗一卷。

译文

在海棠花盛开的地方客居三年，不曾细致观赏海棠花繁盛的样子。今天却偏要在江南看到这样的海棠图，便开始后悔自己白白来了蜀地。

赏析

作者崔涂主要生活在晚唐，壮年进入蜀地，客居三年。《唐才子传》称其"工诗，深造理窟，端能练动人意，写景状怀，往往宣陶肺腑"。从崔涂所留诗歌中可以看到其诗歌多传达客居之苦，充满苍凉羁旅之感。

本诗以《海棠图》为题，应为一首画赞诗。所谓画赞，就是赞赏某幅绘画作品而写作的文学作品，通常以诗为主。从这首诗的内容可以看出远至唐代，海棠已经成为重要的绘画题材，其后世也存在诸多同题材画作，使得海棠相关的画赞诗歌也存世较多。

从这首诗可以看出，海棠不仅成为诗歌的主题，同样也是绘画的主题。虽然我们已经无法确证这幅画的原貌，但从整体的诗意可以猜想，这必是描绘海棠花繁盛开放的绘画。面对这样一幅画作者联想到蜀地繁盛闻名的海棠花，但自己却从未仔细观赏过，于是产生了一种后悔之意。我们可以想见崔涂客居蜀地三年，从其诗歌中流露的羁旅心情来看，自是无意去欣赏海棠花。但面对这幅海棠画，诗人扫去了以往诗中的苍凉之意，传达出许多赏画赏花的意趣，可见这幅画在描绘海棠时必定是繁盛喜人之景，从而激发了诗人的喜悦之情。

与夫同咏诗 [1]

[唐] 苏检

还吴东去过澄城，楼上清风酒半醒。
想得到家春已暮，海棠千树已凋零。

注释

[1] 与夫同咏诗：诗题后注，"苏检登第归吴，行及澄城，止于县楼上，梦其妻取红笺，剪数寸题诗，检亦裁蜀笺而赋焉。诗成，俱送所卧席下。及卧，果于席下得其诗，视箧中红笺，亦有剪处。归家，妻死已葬矣。问其死日，乃澄城所梦之日。谒其茔，四面多是海棠花也。一作钟辐事，互异"。

[2] 澄城：地名，今隶属于陕西渭南。

作者简介

苏检（？—903年），字圣用，武功（今陕西武功）人。唐昭宗乾宁元年（894）苏检状元及第，归家服丧后即赴京入仕，历任洋州刺史、中书舍人等职。天复二年（902）担任工部侍郎、同中书门下平章事。当时处于唐后期，朝政混乱，群臣倾轧，苏检后为崔允、朱全忠所害，遭流放环州，随之被赐死。

译文

回吴地时向东而行，路过澄城。楼上清风徐徐，酒醉之后已经半醒。想到我回到家时春天应该快过去了，那无数的海棠花也必定凋落了。

赏析

据传，苏检取状元后归家省亲，在途中梦见妻子写诗一首："楚水平如镜，周回白鸟飞。金陵几多地，一去不知归。"苏检则同咏本诗，然后两人将诗写好放于枕头下。等苏检醒来，果然在枕下发现了梦中的诗歌。回到家，其妻已经过世，正是死于做梦之时。去祭扫妻子坟墓时，墓周种满了海棠花。

本诗描写诗人还家途中，在高楼上饮酒半醒。独自在外自是分外想家，而诗人思家的着眼点，就在于归家之迟，春天即将过去，家中海棠花必定全部凋谢了。在这里，海棠花是一种与家相关的意象，寄以归家的美好。同时，由于存在

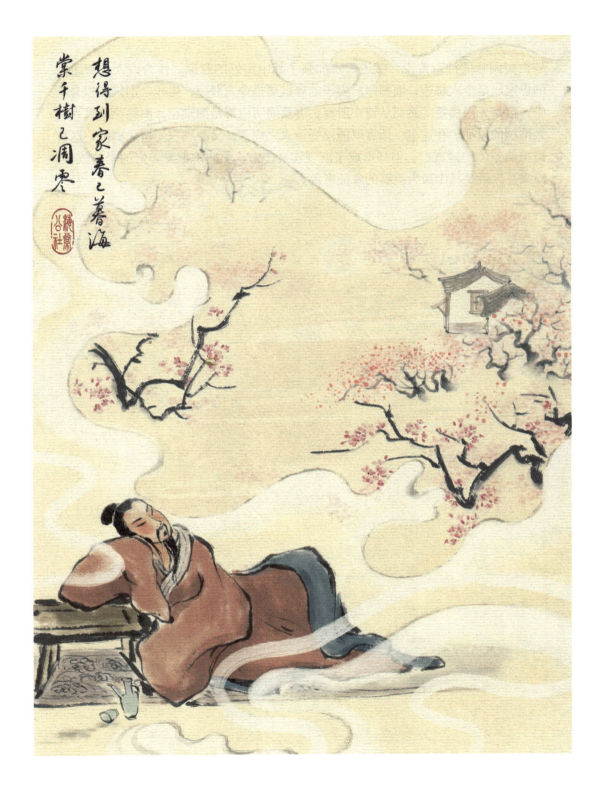

与亡妻同咏的神奇传说，就进一步加强了其中美好的意蕴。作为诗人，旅途中的思家已是令人愁苦，而归家后妻子的离世更是令人悲凉，生死之别只能相会梦中，自是无限痛楚。然而从诗中所写亡妻墓周所植都是海棠花，海棠花就成为两人情感的象征。在这里，读者既能感受诗人之痛苦，又要感叹爱情之美好。这首诗虽然整体简短直白，但却形成了既现实又传奇，虽凄婉但又美好的爱情故事，海棠花无疑是其中最为重要的象征意象。

五代

赞成功[1]

[五代]毛文锡

海棠未坼[2],万点深红,香包[3]缄[4]结一重重。似含羞态,邀勒春风。蜂来蝶去,任绕芳丛。

昨夜微雨,飘洒庭中。忽闻声滴井边桐,美人惊起,坐听晨钟。快教折取,戴玉珑璁[5]。

注释

[1]赞成功:调见五代后蜀赵崇祚编录的《花间集》,始自毛文锡,以本词为正体,双调六十二字,前后段各七句。

[2]坼(chè):(花蕾)绽开。

[3]香包:花苞。

[4]缄:封闭。

[5]珑璁(lóng cōng):同"茏葱",指像玉的石头。这里的玉珑璁指头上插戴的首饰,以首饰形容花枝。

作者简介

毛文锡(生卒年不详),字平珪,南阳(今属河南)人,一说高阳(今属河北)人,五代前蜀后蜀时期大臣、词人。父亲为唐朝太仆卿毛龟范。毛文锡十四岁进士及第,曾在唐朝做官,后来在前蜀担任中书舍人、翰林学士等职。前蜀天汉年间(917),因与宰相张格、宦官唐文扆争权,被贬为茂州(今四川茂县)司马。前蜀灭亡后,归顺后唐。不久,又在后蜀为官,与欧阳炯等五人以小词为后蜀君主所赏识。

译文

海棠花还未开,已经万点深红色,花苞结满了一重重。海棠花似乎饱含羞态,逼迫春风到来。蜜蜂、蝴蝶围绕着花丛,任意纷飞。昨天夜里下起小雨,飘洒在庭院里。忽然听到雨滴打在井边梧桐上的声音,美人惊醒,起身而坐,已经能听到早晨的钟声。赶忙叫人去折几枝海棠花,自己则匆忙地戴起了玉饰。

赏析

本词上半阕主要是写景，围绕海棠花做了非常细腻的描述。海棠花将开未开之时，如姑娘一般含羞带怯，但已经摇曳多姿。而蜂蝶绕飞，正暗示着海棠花气味迷人。如此这般景象，自然充满了喜悦，并惹人形成无限的怜爱。但词下半阕一改铺垫的气氛，写到昨夜微风细雨，让海棠花飘洒在地。当然，词人写花并不全然写花，最后落脚处正是惊起的美人。表面上是雨声不断，吵扰了清梦，同时也是海棠凋零带来的无限伤感让人心神不宁。快教人折取花枝的行为，正是对那美好事物最后的挽留。

其实通观整首词，海棠花作为一个美好的意象，实际上喻指美人。海棠含苞正是美人青春年少的自然描绘，海棠的羞态恰是年轻女子的自然情态，蜂来蝶去也正是少男少女相伴而游的场景。这一切的美好正与惊起的美人形成了对比。风吹雨打，风华已逝，坐听晨钟之时，想必美人也正独自一人。海棠飘洒正象征美人的青春已老。作为一首词，虽未明写闺怨，但通过海棠花的意象，词人深切地传达了美人的内心情感，描写细致入微。

定风波 [1]

[五代] 欧阳炯

暖日闲窗映碧纱,小池春水浸晴霞。数树海棠红欲尽,争忍[2],玉闺[3]深掩过年华。

独凭绣床方寸[4]乱,肠断,泪珠穿破脸边花。邻舍女郎相借问,音信,教人羞道未还家。

注释

[1] 定风波:词牌名,又名"卷春空""定风波令""醉琼枝""定风流"等。以本词为正体,双调六十二字,前段五句,后段六句。

[2] 争忍:怎忍。

[3] 玉闺:闺房的美称。

[4] 方寸:心。

作者简介

欧阳炯(896—971),益州华阳(今四川成都)人,生于唐昭宗乾宁三年(896),五代十国时后蜀词人。在后蜀任中书舍人职。据《宣和画谱》记载,欧阳炯在后蜀历任翰林学士、门下侍郎同平章事,随后蜀皇帝孟昶降宋后,授职散骑常侍,擅长诗文,特别是写词,是花间派重要作家。

译文

暖融融的日光透过窗户,映照在绿色的纱帷上,春天的池水浸透着晴朗的霞光。几棵海棠花落欲尽,这春光易逝让人如何承受,深藏在闺房里度过自己的时光。独自靠着床边心绪大乱,悲痛欲断,眼泪流下弄花了妆容。邻居家的女伴见状来问怎么回事,自是因为没有任何音信,但却叫人羞于说是夫君还未回家。

赏析

这首词语言清丽,情感浓郁,清人况周颐评论说:"此等词如淡妆西子,肌骨倾城。"

词上半阕主要写景,用"暖日""闲窗""碧纱""小池""春水""晴霞"六个物象，从整体上描写了春日之景。这个景象无疑是晴朗宜人的天气，令人心神喜悦。但下句描写了窗外数棵红色的海棠，海棠花凋落欲尽，一下子使人不忍心面对这易逝的春光，情感基调为之一转。词下半阕直接表达思妇的心情感受。独自一人深藏闺房之中，以泪洗面。即使有邻家的女伴来询问，也只是徒生更多的愁思，不敢将自己真实的感受说给他人。

  就整首词而言，海棠花成为转折点，从春日暖阳转向了落红伤感，海棠花无疑构成了重要的情感意象。与其他许多写海棠的诗词相似，这里的海棠象征着青春、时光等美好的事物，其开放时的灿烂繁盛，其花期的短暂易逝，都加强了落红所具有的悲凉意味。本词由写景到抒情转折自然，其中海棠花成为重要的契机，也成为整首词不可或缺的意象。

玉楼春[1]

[五代] 欧阳炯

日照玉楼[2]花似锦，楼上醉和春色寝。绿杨风送小莺声，残梦不成离玉枕。

堪爱晚来[3]韶景[4]甚，宝柱[5]秦筝方[6]再品。青娥[7]红脸[8]笑来迎，又向海棠花下饮。

注释

[1] 玉楼春：词牌名，又名"归朝欢令""呈纤手""春晓曲""惜春容""归朝欢令"等。正体双调五十六字，前后段各四句。

[2] 玉楼：华丽的楼，传说中天帝或仙人的居所。

[3] 晚来：傍晚、入夜。

[4] 韶景：美景，多指春景。

[5] 宝柱：古代筝、琴、瑟等弹拨乐器的弦柱。

[6] 方：正好、正在。

[7] 青娥：美丽的少女。

[8] 红脸：害羞的样子。

译文

太阳还照在华丽的楼上，盛开的鲜花繁盛似锦。在楼上已经喝醉，伴着春色睡着了。绿杨风吹来，送来了莺鸟的鸣叫声。起身离开枕头，从零乱不全的梦中醒来。此时这傍晚的春景更惹人喜爱，秦筝那美妙的声音让我细细地品听起来。害羞而美丽的女子笑脸相迎，于是又到那海棠花下继续喝起酒来。

赏析

欧阳炯受五代花间词的影响，情感表达深沉凄婉。本词以景寓情，情景交融，以情景铺陈词人行为举动。

纵观全词，诗人描写了从喝醉就寝到残梦初醒，从品味秦筝到花下续饮的过程。每个部分都有相应的情景相伴，从"日照玉楼花似锦"映衬出词人的酒兴，和着如此之美的春色而寝，自然是白日的意气风发。醒来已是晚上，绿杨风送来

了莺叫声,虽然词人残梦不全,但这也没有影响到心情,因为这夜晚的美景更让人喜爱。想来是酒力未去,所以词人细细品味着秦筝的声音。最后一个情景,则是青娥姑娘笑脸相迎,拉着我又去那海棠花下饮酒。

  从最后一句的"又"字,可以看到起首的"花似锦"也应该是指海棠花,所以全词首尾相呼应,都传达了海棠花的意象。但前后又有时间上的不同,一个是白天,一个是夜晚。晚上美景更好,在海棠花下饮酒显然又引发了词人无限的兴致。

  从欧阳炯的这首词开始,在海棠花下饮酒成为后世许多诗词不断描绘的意象场景,可以说是一种表达文人意气的典型场景。

思越人 [1]

[五代] 冯延巳

　　酒醒情怀恶。金缕褪、玉肌如削。寒食过却,海棠零落。
　　乍倚遍、阑干烟淡薄。翠幕帘栊笼画阁[2]。春睡着,觉来失、秋千期约。

注释

　　[1] 思越人:词牌名,调见《花间集》。按孙光宪词"馆娃宫外春深",又"魂消目断西子",张泌词"越波堤下长桥",俱咏西子事,故名"思越人",与"鹧鸪天"词别名"思越人"不同。

　　[2] 画阁:彩绘华丽的阁楼。

作者简介

　　冯延巳(约903—960),又作延嗣,字正中,广陵(今江苏扬州)人,五代时南唐著名词人、大臣。仕于南唐烈祖、中主二朝,三度入相,官终太子太傅,死后谥号"忠肃"。其词多写闲情逸致,文人气息很浓,有较高的艺术成就,对北宋初期的词人有比较大的影响。王国维《人间词话》评其"虽不失五代风格,而堂庑特大,开北宋一代风气,与中、后二主词皆在花间范围之外"。有词集《阳春集》传世。

译文

　　酒醒了但心情却十分不好,褪去金缕衣,身体如此消瘦。寒食节已经过去,海棠花也已经凋落。突然倚在栏杆上,只见那烟雾淡薄,绿色的帷幕和窗帘笼罩整个阁楼。春困睡着,醒来已经错过共荡秋千的约定。

赏析

　　在艺术上,冯延巳词特色鲜明,善于用层层递进的抒情手法,把苦闷相思表现得一层深似一层。这就是古人所说的"层深"之法,最典型的是"寒食过却。海棠零落"。其他词作也屡用此法。

　　在本词中,词人先写酒醒之后心绪愁苦,然后着墨身体的消瘦,这已经让人憔悴的情形，又加上寒食节在清冷中禁食的苦楚自是显而易见。而最后一句"海棠零落"，又更进一层，通过外物来衬托此诗的黯然情绪。其一层一层深入，并内外相合、情景相融的写法，可谓将情绪渲染得深入骨髓。

海棠花在本词中是一个典型的感伤意象，尤其是在词的上阕中成为情感层进的最高点。海棠花落作为上阕唯一的自然景象，成为词中情感表达的集中体现。

宋代

海棠（其一）

[宋] 宋真宗

春律[1]行将半，繁枝忽竞芳。
霏霏含宿雾，灼灼艳朝阳。
戏蝶栖轻蕊，游蜂逐远香。
物华[2]留赋咏，非独务雕章[3]。

注释

[1] 春律：犹言春令。春季的节令。
[2] 物华：自然景物，物色风华。
[3] 雕章：雕琢辞章。

作者简介

宋真宗（968—1022），即赵恒，宋朝第三位皇帝（997—1022在位），宋太宗赵光义第三子，母为元德皇后李氏。赵恒历封韩王、襄王和寿王，曾任开封府尹。赵恒即位之初，任用李沆等为相，勤于政事，促成"咸平之治"。景德元年（1004），在主战派寇凖等人的劝说下，北上亲征，与入侵的辽军会战于澶渊。后于澶渊定盟和解，约为兄弟之国，即为"澶渊之盟"。赵恒爱好文学，擅长书法。有《御制集》三百卷传世，今仅存《玉京集》六卷。《全宋诗》录有其诗。

译文

春季的节令将要过半，海棠花在繁密的枝头上忽然竞相开放。盛开的繁花犹如笼罩着清晨的雾气，在朝阳下灼灼而开，争奇斗艳。游戏的蜜蜂、蝴蝶，或轻轻地栖落在花蕊之中，或追逐着花香飞向远方。如此自然的盛景必然留下许多的吟咏之作，并不是文人非要刻意地雕琢辞章。

赏析

宋真宗《海棠》诗不止一首，反映了其对海棠的喜爱。全诗大部分都是对于海棠景色的描摹。从繁花盛开的枝头，到游戏纷飞的蜜蜂、蝴蝶，表现了海棠花景色的优美。最后两句总结写景而抒发议论，以"物华留赋咏，非独务雕章"来

说明文人墨客对于海棠的吟咏，并非刻意的雕琢文章，而是真的发自肺腑的喜爱所致。这种评价可以说将文人对海棠的喜爱和文人写海棠的诗词之盛都全面地表达出来了。

作为一个皇帝，宋真宗能够摆脱政治上的繁杂事物，而专注于诗文创作，并给予海棠如此细致而深入的评价，可见其对海棠花的喜爱。从另一个方面讲，海棠花能够被皇帝所喜爱，也证明海棠花在古代享有重要的地位。

木兰花[1]

[宋] 柳永

东风[2]催露千娇面。欲绽红深开处浅。日高梳洗甚时忺[3],点滴燕脂[4]匀未遍。

霏微[5]雨罢残阳院。洗出都城新锦段。美人纤手摘芳枝,插在钗头和凤[6]颤。

注释

[1] 木兰花:唐教坊曲。有五十五字、五十六字等体。本词为五十六字体,北宋以后多遵用之。

[2] 东风:春风。

[3] 忺(xiān):高兴、适意。

[4] 燕脂:"燕"通"胭",胭脂。

[5] 霏微:(雨丝)飘洒。南朝梁何逊《七召·神仙》:"雨散漫以霏服,云霏微而袭宇。"唐韩愈《喜雪献裴尚书》诗:"浩荡乾坤合,霏微物象移。"

[6] 凤:钗头的凤凰纹饰。

作者简介

柳永(约987—约1053),原名三变,字景庄,北宋著名词人。后改名柳永,字耆卿。因排行第七,又称柳七,崇安(今福建武夷山)人,生于沂州费县(今山东费县),是婉约派的代表人物。柳永暮年及第,以屯田员外郎致仕,故世称柳屯田。他对宋词进行了全面革新,大力创作慢词,对宋词发展影响深远。存世词作有《乐章集》等。

译文

春风让海棠露出了娇媚的容色,开放时的颜色深红、浅红都有。那样子像太阳升起时慵懒梳洗的美人,涂抹胭脂没有晕染开来的脸庞。小雨滴落在夕阳残照的院落里,院子里的海棠被洗得如同都城新染出的锦绣绸缎一样。美人的纤纤玉手在海棠枝头摘下花朵,插戴在钗头上和凤饰一起摇曳颤动。

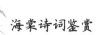

赏析

　　此首为柳永典型的咏物诗。柳永的咏物对象局限于黄莺、菊、雪、荷、梅、杏、柳等。一般认为是单纯的咏物,而无寄托。但这首诗里的海棠却有词人自己的写照和寄托。

　　全诗无一处点名咏"海棠",却处处表现出了海棠的娇艳美丽。前四句用拟人手法描写春风催促海棠绽放,表现了海棠的慵懒,正合下句将海棠比喻成懒起梳妆的美人。海棠也是作者自身的写照,结合词人生平,柳永生性恣意洒脱,混迹市井烟柳之地,看似"无心"功名,但纵观他的官宦生涯,十分坎坷。作者是以海棠自比,海棠明艳夺目却无意争春,也象征了柳永的才华横溢和恃才傲物。

木兰花

[宋] 晏殊

　　东风昨夜回梁苑[1]。日脚[2]依稀添一线。旋开杨柳绿蛾眉[3]，暗拆海棠红粉面。

　　无情一去云中雁。有意归来梁上燕。有情无意且休论，莫向酒杯容易散。

注释

　　[1] 梁苑：西汉梁孝王刘武营造梁苑（又名梁园），招揽四方豪杰宴赏游乐，后多借指华贵的花园。

　　[2] 日脚：太阳穿过云隙射下来的光线。

　　[3] 蛾眉：蚕蛾触须细长而弯曲，因以比喻女子美丽的眉毛。

作者简介

　　晏殊（991—1055），字同叔，抚州临川（今属江西）人。北宋政治家、文学家。晏殊自幼聪慧，十四岁以神童入试，赐同进士出身，被任命为秘书正字。历任知制诰、翰林学士，宋仁宗亲政后，他更受宠遇，最终官拜集贤殿大学士、同平章事兼枢密使，成为宰相。晏殊以词著于文坛，尤擅小令，风格娴雅含蓄，与欧阳修并称"晏欧"，又与其第七子晏几道并称"二晏"或"大小晏"。今存《珠玉集》。

译文

　　东风昨夜吹回了花园，太阳穿过云层洒下了一根细线。这一下子展开了杨柳像蛾眉一样的绿叶，也悄悄打开了海棠花如粉面一样的花苞。云中的大雁无情地一去不返，有意的燕子则飞回梁上来。有情无情尚且不论，切莫贪杯饮酒，人生哪有不散的筵席。

赏析

　　晏殊的词作，吸收了"花间派"和冯延巳的典雅流丽词风，开创北宋婉约词风。其词多写男欢女爱、春花秋月，抒写伤春怨时、离情别恨，同时也常常融入自己的主观情感与人生体悟，具有文人士大夫的气质，后人评其是由"伶工之词"向"士大夫之词"的过渡者。

本词于宋仁宗庆历四年（1044）写于汴京。据宋代杨湜《古今词话》记载，在甲申元日，丞相晏殊宴会两禁（今河南开封）官员，并写下了本词以助酒兴。另有宾客以"东风昨夜"四字为起首，和词三首。

晏殊此词描写了春日花园的景象，上半阕主要写景，以拟人手法描绘了春风吹绿了杨柳、吹开了海棠花。而且从绿蛾眉、红粉面来说，这里的杨柳、海棠被赋予了女性的特质。下半阕词人以云中雁和梁上燕来对应无情与有情，最终，有情也好、无意也罢，都不应该饮酒贪醉，错过这番美景。

在本词中，词人总是将自身的情感投射到所见的景物之上。无论是女性化的杨柳、海棠，还是有情无情的大雁和燕子，都是作者主观情感的体现，这充分显示了词人对于这春日美景的喜爱，也就发出了"莫向酒杯"的感叹。

诉衷情[1]

[宋] 晏殊[2]

海棠珠缀一重重。清晓近帘栊[3]。胭脂谁与匀淡,偏向脸边浓。看叶嫩,惜花红。意无穷。如花似叶,岁岁年年,共占春风。

注释

[1] 诉衷情:词牌名,又名"桃花水""诉衷情令""渔父家风"等。以单调三十三字为正体,但有多种变体,通行四十四字体。宋人有许多人用此调。

[2] 一说作者为苏轼。

[3] 帘栊:亦作"帘笼",窗帘和窗牖,泛指门窗的帘子。也常喻指闺阁。

译文

海棠花像珠玉般聚在一起,一重重地开着。清晨破晓时靠着窗帘坐着,有谁能帮我把胭脂涂得匀淡,偏偏自己弄得脸边太浓。看着那嫩绿的叶,怜惜着海棠花,一时万千思绪。期盼着我们能像海棠花和海棠叶一般,每年都能在一起,共同沐浴春风。

赏析

本词寄情于景,以景诉情,语境委婉含蓄、清新雅致,词句简洁清丽、朗朗上口。同样显示了晏殊士大夫气质的词风。

从整体看,词中主要描写了一位女性的行为及其内心所感所想,而这种刻画可以说非常深入和细腻。就行动而言,词中只精准描写了主人公在窗前涂抹胭脂的动作,单就这一动作就极能传达人物的内心。因为没有人能帮助"我"涂匀胭脂,自己就弄得有浓有淡,一时主人公孤身一人的形象跃入眼帘。除此之外,全词最重要的意象就是海棠花。起首处描写了海棠花枝繁叶茂,花团锦簇。后半阕又细写女子看海棠花的嫩叶、花红,期待和有情人也能像海棠花一样,花叶相伴共同度过美好的时光。可以说整首词恰到好处地表现了女子的哀愁与期盼,但总体情感又十分内敛而自持,非常符合儒家文艺思想中对于温柔敦厚的要求。

海棠

[宋] 梅尧臣

要识吴同蜀,须看线海棠[1]。
燕脂色欲滴,紫蜡蒂何长。
夜雨偏宜著,春风一任狂。
当时杜子美,吟遍独相忘。

注释

[1] 线海棠:因其花梗细长如丝故称。

作者简介

梅尧臣(1002—1060),字圣俞,宣州宣城(今安徽宣城)人,世称宛陵先生(宣城古称宛陵),北宋著名现实主义诗人。出身农家,屡试不第。仁宗天圣九年(1031)凭借叔父梅询门荫入仕,任河南主簿。得西京留守钱惟演与通判谢绛赏识。同年与欧阳修一见如故,共同倡导诗文革新。五十岁后,于皇祐三年(1051)始得宋仁宗召试,赐进士,为太常博士。后以欧阳修荐,任国子监直讲,累迁尚书都官员外郎,预修《新唐书》。其诗有意矫正西昆派弊病,作品力求平淡有味,兼工古今体,代表了宋代诗歌发展新趋向。著有《宛陵先生集》。

译文

要认识吴国和蜀国,必然要看线海棠,线海棠是吴地、蜀地的特有品种。海棠花儿鲜红如同胭脂,花蒂紫色且有光泽。潇潇夜雨不仅没有摧残海棠花,反而恰好更增添了它的风采。风过处,百花惊怕,唯垂丝海棠任凭风的暴虐,无损花容。杜甫曾经遍咏百花,然却唯独没有留下吟赏海棠的诗篇。

赏析

海棠属于观赏树种,这是一首吟花之作。作者所歌咏的对象是非同寻常的垂丝海棠。它是我国的名花之一,主要产地在江浙和四川一带。

首联点明此花是吴蜀的特产。作者不事雕琢,用朴素无华的俚俗语言淡淡写来,以自然见妙。一个"线"字,对要歌咏的海棠花做了界定。它不是寻常的海棠花，而是花丝如同细线的海棠花。淡淡一字，就点出了此花的一大特征。颔联用笔设色，客观地勾勒了此花的色彩和形态。颈联更转而吟咏其非同寻常的品格。垂丝海棠因花枝倒悬，故几点潇潇夜雨的歪打倾斜不仅不会使芳姿憔悴，并且恰好更增添了它的风采。此联平淡语中寓有高峭的风骨。看似写花的气度、风貌，其中却蕴含着作者的内在精神世界。尾联读来更觉语句平淡，然上文均是写花，此却笔锋陡转，说杜甫没有留下吟赏此花的诗篇，由此可见此联的妙处有三：一是首尾遥相呼应。因垂丝海棠是四川的特产，故而想到杜甫曾一度定居成都，在浣花溪畔建一草堂。草堂临近百花潭，周围环境极为幽静。那里的花花鸟鸟曾触发了他的诗情，鸥鸟、黄鹂、梅花、红渠等都是他歌咏的对象，却独独忘了吟诵垂丝海棠，不觉为之不平；二是责怪杜甫不咏此花，则更进一层表现了自己的珍爱之情；三是从艺术技巧而言，文章之妙全在委曲转折。本诗前两联已描绘了花的风貌、品性，似乎已无话可言了，然话锋一转，别有洞天。

  整体来看，全诗风格浑朴平淡，追求的是简洁之美以及对垂丝海棠的喜爱之情。对此花之精神的认同，作者同时表明自己也将以之为佐，心向往之。

桃源忆故人 [1]

[宋] 欧阳修

碧纱[2]影弄东风晓，一夜海棠开了。枝上数声啼鸟，妆点愁多少。

妒云恨雨[3]腰支[4]衰，眉黛不忺重扫。薄幸[5]不来春老，羞带宜男草[6]。

注释

[1] 桃源忆故人：词牌名，又名"虞美人影""胡捣练""杏花风"等。正体双调四十八字，前后段各四句。古代传说的桃源有两处：一是汉代刘晨、阮肇遇仙处，见王立程《天台山记》；二为晋代武陵渔人所发现，见陶渊明《桃花源记》。这两处都是古人理想中的仙境。古人因地怀人，向往人间仙境，于是吟咏于诗篇。词调的名称大概就是因此而来。

[2] 碧纱：绿色的窗纱。

[3] 妒云恨雨：嗔怨不能像云雨一样缠绵。

[4] 腰支：通"腰肢"。

[5] 薄幸：旧时女子对意中人的昵称，犹言冤家。

[6] 宜男草：萱草的别名，古代迷信，认为妇女佩萱草则生男。

作者简介

欧阳修（1007—1072），字永叔，号醉翁，晚号六一居士，庐陵（今江西吉安）人。天圣八年（1030）进士及第，历仕仁宗、英宗、神宗三朝，官至翰林学士、枢密副使、参知政事。死后累赠太师、楚国公，谥号"文忠"，故世称欧阳文忠公。与韩愈、柳宗元、苏轼、苏洵、苏辙、王安石、曾巩合称"唐宋八大家"，并与韩愈、柳宗元、苏轼被后人合称"千古文章四大家"。

译文

东风吹来，绿色的窗纱上影子舞动，天马上就要亮了。一夜之间，海棠花开完了。花枝上有鸟儿啼叫数声。此情此景点缀了多少的哀愁。见云雨而妒恨，腰肢也消瘦了。脸上的妆容不满意只能一遍遍重新再画。那薄幸之人总不归来，空

等得春天老去，空佩带宜男草有什么用呢？

赏析

　　欧阳修是北宋时期重要的文人，其词既有深婉含蓄之作，也有清新舒隽之作。欧阳修词多接引南唐，常用小令，开士大夫词之风气。在表现男女之情方面，常能从人之常情来表达相爱与相思，其作品因文人气质而更加雅正。

　　所谓小令通常是少于五十八字的篇幅短小之词。这首《桃园忆故人》就是欧阳修有代表性的小令作品。词中上阕写景，东风一夜，海棠花已开尽，这里虽然用了夸张的说法，但其中的惊异表露无遗。之后词人又细写海棠花中啼鸟。然而这繁花与鸣鸟都只映衬了思妇的愁。这种离愁别恨使人感伤无力，更是提不起妆饰自己的兴趣。最后"薄幸"所表达的怨嗔，"宜男草"所表达的期盼，更是细腻地传达出主人公无限的思念。

　　在这首词里，海棠花的盛开，鸣鸟的相伴，都传达出令人欣喜的情感，但这些自然意象又都与思妇的情绪形成强烈的对比，而这种写法也正显示了欧阳修士大夫之词的内在气息。

渔家傲[1]

[宋] 欧阳修

二月春耕昌[2]杏密，百花次第争先出。惟有海棠梨[3]第一。深浅拂，天生红粉[4]真无匹。

画栋归来巢未失，双双款语[5]怜飞乙[6]。留客醉花迎晓日。金盏溢，却忧风雨飘零疾。

注释

[1] 渔家傲：词牌名，又名"渔歌子""渔父词"等。正体双调六十二字，前后段各五句。

[2] 昌：通"菖"，指菖蒲。

[3] 海棠梨：棠梨。二月开花，花红色者称杜、甘棠、赤棠，花白色者称白棠。

[4] 红粉：女性化妆用的脂粉，古代常用来借指美女，这里指代海棠梨花。

[5] 款语：柔声细语，指燕子的呢喃。

[6] 飞乙：飞燕。"乙"通"鳦"，《礼记·月令》注解中写道"玄鸟，鳦也"。

译文

二月春耕时节，菖蒲和杏花茂密地生长着。百花开始陆续地争先绽放。只有海棠梨的花可以算第一，花儿深浅地拂动着，天生的粉艳真是没有其他花可以相比。燕子归来，画栋上的旧巢还在。成双的燕子叫着飞舞，惹人怜爱。留下客人赏花，沉醉花间，迎接天亮之时。金盏中的酒不断倒下，满溢而出。却突然担忧其风雨到来时，这花儿飘零得太快。

赏析

此首写仲春二月。仲春二月是春耕之时，词人描写了自然事物生长的秩序。菖蒲与杏花已经密集开放，然后百花依次而开，但就诗人所见，这里边只有海棠梨最为鲜艳，成为众花之首。作者描写海棠梨"深浅拂"，借用了杜甫《江畔独步寻花七绝句》之五："桃花一簇开无主，可爱深红爱浅红。"并化用其意，表明海棠梨深浅交叠的美景。下阕从植物写向动物，"画栋"二句，写燕子归来，双双而飞,款款而语,显示了轻快的气息。它们兴奋地寻找旧巢,旧巢依然完好,更增添了几分喜气。

正是在这美好的春光里,词人想要留住客人,共同沉醉花间以至清晨破晓。到这里,全词都是意气风发,充满了喜悦的氛围。但最后随着一句"金盏溢",语境反而转入一丝忧思,这甚美的春光虽在眼前,但就像酒满而溢一般,总是难逃盛极而衰的命运。海棠梨虽然美艳绝伦,但风雨之中飘零而落也是难以挽留的事情。因而全词在愉悦之中留下了一丝忧患,也从侧面表达了要及时行乐、惜取眼前之景的意思。

次韵[1] 李学士勾院[2] 海棠

[宋] 陈襄

幽芳宁贵俗人知，北省[3] 仙郎只自奇。
颜色定应西蜀品，馨香不减上林[4] 枝。
胭脂著雨深红日，葆[5] 发临风半白时。
几欲相从花下饮，许昌词藻愧难追。

注释

[1] 次韵：也叫步韵，旧时古体诗词写作的一种方式。按照原诗的韵和用韵的次序来和诗次韵，就是和诗的一种方式。

[2] 勾院：三部勾院的简称，官署名。宋代的专职审计机构。由部内判官领导，其职责是"掌勾稽天下所申三部金谷百物出纳账簿，以察其差殊而关防之"。但三部勾院隶属于三司。

[3] 北省：尚书省。因尚书省在宫阙之北，故称。

[4] 上林：古宫苑名。东汉光武帝时建造。故址在今河南洛阳东，汉魏洛阳故城西。也常常用来泛指帝王的园囿。

[5] 葆：草木茂盛的样子。

作者简介

陈襄（1017—1080），字述古，人称古灵先生，福州侯官（今属福建）人。北宋名臣、理学家。庆历二年（1042）进士，初任浦城主簿、仙居县令，后任河阳知县、秘阁校理、常州知州等。宋神宗时曾奉命出使辽国，回京后任侍御史知杂事等。因与王安石政见不合，出知陈州、杭州。后知通进、银台司兼侍读判尚书都省等职，官终枢密院直学士兼侍读。有《古灵先生文集》。

译文

海棠宁愿身处幽深之地把持自身的芬芳也不愿让俗人知道，尚书省的官员只是暗暗称奇。看颜色这棵海棠树应该属于西蜀的品种，花的芬芳能够与宫苑的花木媲美。海棠的花瓣就像涂了胭脂一样，遇到雨天就变成了深红色。蓬草一样的头发迎着风，已经花白。多么希望能够和你在海棠花下共饮，奈何我很惭愧，比不上你优美的辞藻。

赏析

　　这是一首和诗,是作者依仿他人诗的韵字次第所作诗。作为北宋名臣,陈襄久居庙堂之上,对庙堂生活较为熟悉。本诗以勾院深处的海棠为描述对象,以此抒发自己的多重情感。

　　首先,作者以海棠起兴,引出"贵与俗"的对比,以"幽芳"二字表明海棠遗世独立的品格。接着"颜色定应西蜀品,馨香不减上林枝",显示了作者对海棠的熟悉,根据颜色可以辨认出海棠的品种,暗示了作者对海棠的喜爱之情;同时,作者将海棠花香与官苑花香作对比,凸显了海棠的芬芳。颈联中,作者以"红与白"作对比,"红"是海棠花由盛转衰的阶段,而"白"则表明作者已是暮年,两相对比,流露出作者对年华迟暮的悲叹之情。尾联一"饮"一"追",描写作者当时的心境,既有对友人的思念,又有独自一人的孤寂之感。

　　全诗作者围绕海棠,先是描写海棠幽芳的品质,后写作者触景生情,以海棠花的落败转向对自己出走半生的伤怀。

禁中[1] 春寒

[宋] 王安石

青烟漠漠雨纷纷，水殿西廊北苑门。
已著单衣犹禁火[2]，海棠花下怯黄昏。

注释

[1] 禁中：皇帝、后妃等居住的地方。
[2] 禁火：旧俗寒食停炊，称"禁火"。

作者简介

王安石（1021—1086），字介甫，号半山。抚州临川（今江西抚州）人。北宋著名思想家、政治家、文学家、改革家。其散文创作成就突出，名列"唐宋八大家"；其前期诗歌多为政治诗，揭露社会时弊，表达政治抱负，后期则创作了大量的写景咏物诗、禅理诗。其诗歌语言好用典故，追求修辞。有《王临川集》《临川集拾遗》等存世。

译文

青烟漠漠在空中飘荡，雨也纷纷地下着。从临水的宫殿，到西边的走廊，到北边园林的宫门，都在这烟雨之中。穿着单薄的衣服，却遇上停炊断火的寒食时节，只能站在海棠花下担心黄昏后到来的寒冷。

赏析

从此诗可以看出，王安石受到白居易的影响。"青烟漠漠雨纷纷"与白居易《惜落花赠崔二十四》"漠漠纷纷不奈何，狂风急雨两相和"的表达相似。同样，"海棠花下怯黄昏"又与白居易《三月三十日题慈恩寺》"惆怅春归留不得，紫藤花下尽黄昏"语句相类。

从诗本身来说，王安石描绘了春寒料峭之时，在宫中的所见所感。据叶梦得《西林燕语》所描述的宫殿形制，学士院以西廊西向为正门，而后门是北向的。学士早朝退出进入学士院，以及平时与宫中的进出往来，都经过北门。所以诗中所描写的"水殿西廊北苑门"应该正是学士院中的情景。诗人于此描绘了烟雨迷

蒙的景象,感叹穿着单衣却又正逢寒食节气,此情此景,在海棠花下更害怕黄昏的到来。

通观全诗,诗人通过外在环境的描写,传达出一种清冷的感受,这种清冷因其地点,又隐隐地显示出一种官场的暗喻。王安石常被称为孤独的改革家,其一生屡被罢相,所主持的变法活动也阻力重重,其中的人生感叹恰与本诗所表达的情感相切合,读者无疑会产生诸多感慨。

菩萨蛮 [1]

[宋] 王安石

海棠乱发皆临水,君知此处花何似?凉月白纷纷,香风隔岸闻。

啭[2]枝黄鸟[3]近,隔岸声相应。随意坐莓苔[4],飘零酒一杯。

注释

[1] 菩萨蛮:又名"子夜歌""重叠金""花间意""梅花句""花溪碧""晚云烘日"等。本是唐教坊曲,后用为词牌,也用作曲牌。此调为双调小令,以五七言组成,四十四字。

[2] 啭(zhuàn):鸟婉转地鸣叫。

[3] 黄鸟:黄雀。

[4] 莓苔:青苔。

译文

海棠临水肆意地开放。你知道此处的花像什么吗?海棠花在清凉的夜色下,白纷纷一片,隔着河岸也能闻到一阵阵花香从对面吹来。近处黄雀婉转地在枝上鸣唱,隔着河岸两边的声色相互应和。随意地坐在青苔上,自斟自饮,感叹人生的漂泊零落。

赏析

本词乃集句词,即通过组合已有的诗词语句组成新的作品。

本词"海棠乱发皆临水"化自唐刘禹锡《和牛相公游南庄醉后寓言戏赠乐天兼见示》:"蔷薇乱发多临水,鸂鶒双游不避船。""君知此处花何似",集自韩愈《李花赠张十一署》诗:"君知此处花何似?白花倒烛天夜明。""凉月白纷纷"句,集自杜甫《陪郑广文游何将军山林十首》之九:"白衣挂萝薜,凉月白纷纷。""香风隔岸闻",集自韩愈《花岛》:"蜂蝶去纷纷,香风隔岸闻。""啭枝黄鸟近",集自杜甫《遣意二首》之一:"啭枝黄鸟近,泛渚白鸥轻。""随意坐莓苔",集自杜甫《陪郑广文游何将军山林十首》之五:"兴移无洒扫,随意坐莓苔。""飘零酒一杯"句,集自杜甫《不见》:"敏捷诗千首,飘零酒一杯。"

起首处先讲海棠花在临水处肆意地开放,如临水照影美人一般,又自问自答地描绘了海棠花的香风隔岸可闻。上阕写隔岸之花,下阕转向眼前此岸之景。由海棠之静转入鸟鸣之动,由海棠之色、味转入黄鸟之声,此岸与隔岸之景,形成一个完美的意境。词人在岸边徘徊,并随意而坐,貌似十分闲适,但词末一句,情绪陡转,"飘零"二字写出词人内心的失意心绪,仅可借酒消融。

　　这首词层层铺垫两岸风光,有动有静,有香有色,给人一种美感,末句由赏景转向感慨人生,以乐景衬哀情,两厢形成巨大反差。

雨晴后,步至四望亭[1]下鱼池上,遂自乾明寺前东冈上归,二首(其一)

[宋]苏轼

雨过浮萍合,蛙声满四邻。
海棠真一梦,梅子欲尝新。
拄杖闲挑菜,秋千不见人。
殷勤[2]木芍药[3],独自殿[4]馀春。

注释

[1] 四望亭:黄州(今湖北黄冈)名亭之一。

[2] 殷勤:形容情深义厚。

[3] 木芍药:唐代人称牡丹为木芍药。《开元天宝遗事》云:"禁中呼木芍药为牡丹。"牡丹花期为五月份,比海棠花偏晚一点。

[4] 殿:殿后。

作者简介

苏轼(1037—1101),字子瞻,号东坡居士,眉州眉山(今四川眉山)人。北宋中期文坛领袖,在诗、词、散文、书、画等方面均有很高成就,与其父苏洵、弟苏辙并称"三苏"。散文被列为"唐宋八大家"之一;以文为诗,代表了宋诗的新变;其词风格豪放,且表现力丰富,为豪放派的创始人。嘉祐二年(1057)举进士及第。元丰二年(1079)被捕下狱,史称"乌台诗案",出狱后,贬黄州团练副使。元祐初,授翰林学士,后出知杭州。元祐六年(1091)复召入为翰林学士,旋出知颍州,徙知扬州。次年以兵部尚书召还,兼端明殿、翰林侍读两学士,擢礼部尚书。元祐八年(1093),出知定州。绍圣元年(1094),因讥讽先朝被贬,责置惠州,再贬儋州。宋徽宗即位后遇赦北归,途中病死于常州。高宗即位,追谥文忠。苏轼一生仕途多舛,三起三落。著有《东坡集》四十卷、《后集》二十卷、《内制》十卷、《外制》三卷及《和陶诗》四卷等。

译文

雨过天晴,鱼塘的浮萍由零碎转而聚合,青蛙的鸣叫声响彻四周。海棠花谢，似浮梦一般难寻痕迹，梅子成熟可以尝新了。自己闲来无事拄着拐杖到荒野挖野菜，秋千上空荡荡，不见人影。所幸尚有牡丹花灿然怒放，独自为春天殿后，展现春天最后的美丽。

赏析

　　本诗作于元丰三年（1080）苏轼刚刚抵达被贬之地黄州之时。首联摹写雨过天晴后四望亭周边鱼塘的景致，浮萍如破镜重圆，散而复合，青蛙鸣叫声响彻四邻，以动衬静，以声绘形，初步营造空旷冷清的氛围，读者仿佛能窥见当时场景。颔联描绘亭下海棠花谢，残缺的花瓣被雨水打尽，如浮梦一逝而过，隐约流露出诗人的伤感幽怨。诗人闲来无事拄杖挖野菜，平日喧闹的秋千也寂静无声，给人一种寂寞的感觉。"独自殿余春"化用柳宗元《牡丹》"窈窕留余春"，尾联写百花零落，只有牡丹尚于这残春之中傲放，迟暮之感凄凄切切，但却又引人深思。

　　苏轼这首诗随着作者目之所及、耳之所闻铺陈开来，描摹了生活中的一个片段。在作者细腻的描绘下，全诗有声有色，有景语、有情语。颈联所写有些伤感孤寂，但尾联以所见牡丹花振起精神，表达作者乐观的胸襟和豁达的心性。

寓居定惠院之东，杂花满山，有海棠一株，土人不知贵也

[宋] 苏轼

江城地瘴[1]蕃草木，只有名花苦幽独。
嫣然一笑竹篱间，桃李漫山总粗俗。
也知造物有深意，故遣佳人在空谷。
自然富贵出天姿，不待金盘荐华屋[2]。
朱唇得酒晕生脸，翠袖卷纱红映肉。
林深雾暗晓光迟，日暖风轻春睡足[3]。
雨中有泪亦凄怆，月下无人更清淑。
先生食饱无一事，散步逍遥自扪腹。
不问人家与僧舍，拄杖敲门看修竹。
忽逢绝艳照衰朽[4]，叹息无言揩病目。
陋邦何处得此花，无乃好事移西蜀。
寸根千里不易到，衔子飞来定鸿鹄。
天涯流落俱可念，为饮一樽歌此曲。
明朝酒醒还独来，雪落纷纷那忍触。

注释

[1] 地瘴：南方山林中湿热之气。

[2] 华屋：代指王公贵族华丽的屋子。

[3] 春睡足：唐代郑处诲《明皇杂录》载："上登沉香亭，召太真妃子。妃子时卯酒未醒，高力士从侍儿扶掖而至。上乃笑曰："岂是妃子醉耶？海棠睡未足耳。"

[4] 衰朽：此处为诗人自称。

译文

黄州气候湿润，林木生长繁茂，但只有海棠这种名贵的花极其少见，孤苦幽冷。它盛开在竹篱间，就像美人在微笑，它的美使得漫山遍野的桃李花都显得粗俗不堪。天理有常，大自然故意把这样的美人安排在空荡峡谷中，我相信自有深刻用意。它的美自然纯真，不着雕饰，落落大方，不需要依靠装在华美的金盘里献给王公贵族才能向世人展现它的美。花朵像是美人微醺时淡红的朱唇和脸颊，而绿叶像是映衬着肌肤的轻纱翠袖。树林深处雾气蒙蒙，日光到来得很晚，而等到日暖风轻时，海棠花已然睡足，展现出它最美的姿态。雨中的海棠好似在孤苦地哭泣，月下无人时它更显得娴静淑慧。我谪居此地闲来无事，时常散步出游。不管是百姓家还是寺院，我都会拄着拐杖敲开门只为观赏园中的翠竹。我这样衰朽的人却突然能遇见这样清艳的海棠，无奈只能掩面叹息，擦擦病眼仔细观看。这偏僻的黄州为什么会有如此美艳的花朵？是不是好事之徒将其从西蜀移植到此？海棠苗幼小的根茎难以经受住千里迢迢，一定是鸿鹄衔着你的种子来到此地。我和你都远离家乡西蜀，流落至此，那就让我为你举杯，吟唱这沦落天涯之歌，聊以纪念。等到明日酒醒，我还会来看望你，却只怕花瓣如雪花般飘落，不忍触及往事啦！

赏析

苏轼被贬至黄州后就住在定惠院。他在《记游定惠院》中记载："黄州定惠院东小山上有海棠一株，特繁茂，每岁盛开，必携客置酒。"本篇即咏此株海棠。

诗的前半部分刻画了海棠高雅、幽独、出俗的佳人形象，以人喻花，蕴含着诗人自己的影子，亦人亦花。

随后诗人开始书写自己与海棠相遇的历程：谪居期间，百无聊赖，出游欣赏翠竹。偶然与海棠相遇，诗人叹惋这西蜀美人不该出现在这里，正如自己不应当谪居此地一样，诗人被贬的苦闷和寂寞，一起汹涌在诗人心中。一个被贬的人，一朵流落异乡的花，而二者又同来自西蜀，同病相怜，于是诗人感叹："陋邦何处得此花，无乃好事移西蜀"，既是对花的惋惜，更是对自我的感怀。这种生不逢时的悲愤，漂泊异乡的寂寞，他乡遇故知的惺惺相惜，都寄托在诗人"为饮一樽歌此曲"之中。尾联"雪落纷纷那忍触"，又将诗人内心的孤独落寞推向又一个高度。

纵观全诗，写花精巧婉丽，抒情肆意汪洋，人与花仿佛融为一体。虽句句隐藏着诗人的怨恨，但这怨恨不叫人过分哀婉，却颇有些豪迈放纵之感。《纪评苏诗》评其"纯以海棠自寓，风姿高秀，兴象深微，后半尤烟波跌宕。此种真非东坡不能，东坡非一时兴到亦不能"。

寒食雨二首（其一）

[宋] 苏轼

> 自我来黄州[1]，已过三寒食。
> 年年欲惜春，春去不容惜。
> 今年又苦雨，两月秋萧瑟。
> 卧闻海棠花，泥污燕脂雪。
> 暗中偷负去，夜半真有力[2]。
> 何殊病少年，病起头已白。

注释

[1] 黄州：今湖北黄冈，元丰二年（1079）十二月苏轼因"乌台诗案"被贬至此。

[2] "暗中"二句：《庄子·大宗师》有云："夫藏舟于壑，藏山于泽，谓之固矣。然而夜半有力者负之而走，昧者不知也。"此处指花开花谢归都是大自然运用它自身力量的结果。

译文

自我被贬至黄州，已经在此地度过了三个寒食节。每年都想挽留美好的春光，但春去无情不容挽留。今年又是阴雨连连，这两个月的气候如同秋天般萧瑟。独卧在床观赏这雨中海棠，纷纷零落如雪的花瓣沾染污泥。只叹这也无可奈何，大自然的力量无可违背，夜半的雨将这清丽的海棠花偷偷带去。这海棠就像身染重疾的少年，等到病痛痊愈，也早已是花白双鬓。

赏析

此诗作于元丰五年（1082），是苏轼在黄州生活时创作的四首海棠诗之一。其书帖《黄州寒食诗帖》是中国书法史上的经典作品，被后人誉为继《兰亭序》《祭侄文稿》之后的"天下第三行书"，现藏于中国台北故宫博物院。

诗歌开篇作者自言在黄州已然度过多年，每每春天将要离去，自己都想要挽留而不可得。四季交替本是天道，但作者却仍然怜惜春日的逝去，初步展现作者谪居此地内心的悲苦与荒凉之感。诗歌进而对时节气候进行描绘，连日的阴雨让本该明媚的春天萧瑟如秋。如果说萧瑟入秋隐喻诗人自身命运多舛，那么对于雨中的海棠花瓣纷飞如雪的描写，则暗含了惜花自怜的情感。第五联用典指出海棠凋落天命难为，隐隐透露着诗人欲对抗命运而无可奈何的失落，与第二联的"欲惜春"而"春去不容惜"遥相呼应。尾联则将雨中海棠比作身染重疾的少年，即是指代自己，角度清奇。

  本诗景致刻画传神，情感描写细腻，风格婉约。诗人既以海棠自比，又将雨中海棠比作重疾在身的少年，而这少年又显然指代诗人自己。此处的海棠，显然背负着诗人最为沉重的情感，是全诗最为重要的意象。

海棠

[宋]苏轼

东风袅袅[1]泛崇光[2],香雾空蒙[3]月转廊。
只恐夜深花睡去[4],故烧高烛[5]照红妆[6]。

注释

[1] 袅袅：烟气盘旋上升的样子。
[2] 崇光：高处的光彩。
[3] 空蒙：雾气迷漫、月色朦胧的景象。
[4] 花睡去：借用杨贵妃醉酒故事。
[5] 高烛：《宋诗别裁集》作"银烛"，指高大的蜡烛。
[6] 红妆：此处喻指海棠花。

译文

海棠花在东风吹拂下摇曳，月光从高处照下，花影迷人。院子里的海棠花香在氤氲朦胧的薄雾中弥漫开来，月影已不知不觉移过了院中的回廊。

夜深了，唯恐海棠会像美人一样睡去，便举烛高照，海棠在明亮的烛光下更显娇媚，如同睡眼惺忪的美人，优雅动人。

赏析

此诗作于元丰七年（1084），此时的苏轼因"乌台诗案"被贬为湖北黄州团练副使。在黄州生活的近五年时间里，苏轼共创作了四首海棠诗，此篇便是其中的经典之作。

首句写风动海棠，月光摇曳。次句写月下海棠含雾流香之美，对朦胧月色下海棠发出的幽香进行了直接描绘。"只恐夜深花睡去，故烧高烛照红妆"妙用了杨贵妃"海棠春睡"的典故，以"海棠春睡"中贵妃柔弱的媚态来形容海棠风中摇曳的姿态，以美人倦卧喻花朵卷缩，写出海棠深夜的美艳之姿，用典和谐自然，读者即便不知此典，也能够雅俗共赏。从整首诗来看，诗人即便在月夜朦胧中看不清美丽的花颜，却仍执意要举烛欣赏，可见诗人不想错过海棠的刹那芳华，怜爱甚深。

苏轼描绘的这番"月下海棠"美景，与以往文学家常描绘的白天明媚光影和喧嚣人世下的海棠形成了鲜明的对比，苏轼对月光下海棠的静赏更能品味到海棠花的幽独气韵，淡淡的月光似乎为海棠披上了一层神秘的面纱，海棠在月下幽然朦胧的模样仿佛花仙一般，给读者带来不一样的美的体验。

　　苏轼运用情景交融的表现手法，生动地描绘了月下海棠的娇媚神韵，刻画细腻，情深意永。语言淡雅绮丽，整体风格清丽蕴藉、韵味无穷。红烛照花，既写出了诗人对海棠花之"痴"，更表达了他对美好芳华的怜惜与珍爱。

宫词 [1]

[宋] 王仲修

欲晓初闻长乐[2]钟，一庭残月海棠红。
如何借得徐熙[3]手，画作屏风立殿中。

注释

[1] 宫词：古代的一种诗体。多写宫廷后妃与宫女生活琐事，一般为七言绝句，多见于唐代诗歌。

[2] 长乐：汉代有长乐宫，后用以泛指宫殿。

[3] 徐熙：五代南唐杰出画家。其性情豪爽旷达，志节高迈，善画花竹林木，蝉蝶草虫，其妙与自然无异。

作者简介

王仲修（生卒年字号不详），华阳（今四川成都）人，宰相王珪之子。熙宁三年（1070）进士及第。著有《宫词》上百首，辞藻华美。《全宋诗》收录其诗一卷。

译文

天快亮了，听得宫殿传来的钟声。海棠花在一轮残月下盛开，映红了整个庭院。如何才能借来徐熙的妙手，将此美景画入屏风长立于房中。

赏析

本诗前两句写景，破晓时分听到了宫殿的钟声，望向庭院里，眼前是一轮残月和红色的海棠花，此时的美景让人生出无限的喜爱。后两句诗，更是自问如何才能用徐熙的妙手，将眼前景画入屏风图，从而能够长久地见到如此美景。

徐熙是五代时期著名的花鸟画家，常游于园圃之间，看到美景就留足观看，所以其所画作品，蔚然有生机，独创"落墨法"。《宣和画谱》称其"骨气风神，为古今之绝笔"。据《宣和画谱》记载，徐熙共有249幅作品，其中涉及海棠的作品有19幅，可见海棠正是徐熙非常重要的绘画对象。同时，据《图画见闻志》记载，徐熙为南唐宫廷绘制许多"铺殿花""装堂花"，可见其绘画具有较强的装饰性。诗中"如何借得徐熙手,画作屏风立殿中"一句既表明了徐熙所画海棠花影响颇大,也正应和了徐熙对于屏风这种装饰性绘画的擅长。

从整体看,"一庭残月海棠红"是整首诗最具有画意的诗句,其中"残月"和"海棠红"成为极具意境的表现对象。

留春令 [1]

[宋] 晏几道

海棠风[2]横，醉中吹落，香红强半[3]。小粉[4]多情怨花飞，仔细把、残香看。

一抹浓檀[5]秋水畔。缕金衣新换。鹦鹉杯[6]深艳歌迟，更莫放[7]、人肠断。

注释

[1] 留春令：词牌名，调见北宋晏几道《小山乐府》。双调五十字，前段五句，后段四句。

[2] 海棠风：古代以不同花期的风为花信风，海棠风为春分节三信之一。

[3] 强半：大半。

[4] 小粉：歌女名。

[5] 浓檀：沉檀，深绛色。此处指涂在眉端的胭脂。

[6] 鹦鹉杯：海螺盏。鹦鹉螺为海螺的一种，旋纹尖处屈而朱红，似鹦鹉嘴。其壳青斑绿纹，壳内光莹如云母。唐刘恂《岭表录异》《艺文类聚》卷七十三均记载说，用这种鹦鹉螺制成的酒杯，可容二升许。唐宋诗词中常出现鹦鹉杯，如骆宾王、李白、卢照邻、陆游等皆有提及，可见鹦鹉杯在当时还颇得嗜酒者的喜爱。

[7] 放：教、让。

作者简介

晏几道（1038—1110），字叔原，号小山，抚州临川（今江西抚州）人。晏殊第七子。历任颖昌府许田镇监、乾宁军通判、开封府判官等。性孤傲，中年家境中落。与其父晏殊合称"二晏"。晏几道擅长文辞，其小令语言清丽，感情深挚，尤负盛名。表达情感直率，多写爱情生活。词风似父而造诣过之，是婉约派的重要作家。有《小山词》留世。

译文

海棠花开时，春风无情而蛮横地吹来，在我酒醉中，已经吹落了大半的花朵。轻脂薄粉的多情人哀怨那花儿飞走，把那残存的花朵仔细地观赏。一抹深绛色的胭脂涂在那水灵灵的眼睛旁，新换上那金缕衣。鹦鹉杯酒色深浓艳丽，歌声舒缓传来。此情此景极易让人想起哀愁之事，令人肠断。

赏析

  这是一首伤春的词，上阕一开始就描写了海棠花吹落大半的情景，奠定了整首词的基调。词中用"横"字形容风，更显出了它的迅疾与无情，很有感情色彩。原句所谓"多情怨花飞"进一步强化了伤春哀怨之意。"仔细把、残香看"，描写了歌女伤春的行为，其中惋惜与留恋之情溢于言表。下阕仔细写歌女梳妆换装之后，登场献艺。"鹦鹉杯深"正说明听歌之人在尽情喝酒，"艳歌迟"则说明歌女演唱的是舒缓的艳情歌曲。"更莫放、人肠断"则与黄庭坚《鹧鸪天》词中"人生莫放酒杯干"一句相类似，表明了要继续喝酒听歌，不要让人记起惆怅之事。

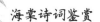

卷珠帘 [1]

[宋]魏夫人

记得来时春未暮,执手攀花,袖染花梢露。暗卜[2]春心共花语,争寻双朵争先去。

多情因甚相辜负,轻拆轻离,欲向谁分诉。泪湿海棠花枝处,东君[3]空把奴分付[4]。

注释

[1] 卷珠帘:词牌名,原是唐教坊曲,后用作词牌,本名"鹊踏枝",又名"蝶恋花""黄金缕""凤栖梧""明月生南浦""细雨吹池沼""一箩金""鱼水同欢""转调蝶恋花"等。正体为双调六十字,前后段各五句。

[2] 卜:花卜,民间的一种占卜术,以计算花朵奇偶断吉凶,往往是单数为凶,偶数为吉。

[3] 东君:这里指司春之神。

[4] 分付:交给。

作者简介

魏夫人(生卒年不详),名魏玩,字玉如,一作玉汝,邓城(今湖北襄阳)人,北宋女词人。出身世家,诗论家魏泰之姊,北宋宰相曾布(1036—1107)之妻。初被封为瀛国夫人,后封鲁国夫人,人称魏夫人。其词风格婉约,与李清照齐名。朱熹评论:"本朝妇人能文者,唯魏夫人及李易安二人而已。"

译文

记得来时还没到春末,你我牵手攀折花枝,花枝上的露水沾湿了衣袖。用海棠花偷偷地卜问对方的心意,一边占卜一边向海棠花倾诉着自己的心事,又争先去寻并蒂双花以证爱情能美满久长。恋人为何偏偏辜负我。被人轻易毁约,轻易离弃,又能向谁诉说呢。再次来到曾经的海棠花树下,只能暗暗垂泪。春之神啊!你为何把我交付给这样无情之人。

赏析

　　魏玩为宰相曾布之妻。曾布为王安石变法的重要支持者，屡遭奸臣蔡京的排挤，被贬在外，夫妇离别日多，她的词多为思夫之作。本词则主要写一位女子的恋情故事，描述了主人公与负心男子初识时的情深意切，到被抛弃时的怨恨、懊悔，反映了词人对于旧时不幸女子的深切同情与感怀。不同于其他男性词人换位而作的怨妇之作，作者本身就是女性，也就更能直接地描绘女性视角下的爱情悲剧。

　　词上下阕形成鲜明对比。上阕主要写二人相识时的美妙时刻，两人在暮春时节，牵手折花，共诉浓情。女子借着鲜花占卜对方的想法，其中显出无限情意。两人争相寻觅并蒂之花的行为更是凸显了恋情的甜蜜。然而下阕直接转换，描绘了男子的负情。"多情"是对情人的俗称，宋元俗语、词曲中屡见。感叹情人不知为何负心，轻易辜负了自己的情感，令人一腔幽恨，欲诉无门。今昔对比，女子只能在海棠花下泪湿衣衫，凸显了其遭遇的悲凉。就全词而言，海棠花既见证了女主人公恋情的美好，又反衬着女子的痛楚结局。该词借景写情、写人，恰到好处地表达这一悲剧故事的情绪。全词凄艳婉秀，情感深挚。

感皇恩[1] · 海棠

[宋] 晁补之

常岁海棠时，偷闲须到。多病寻芳懒春老。偶来恰值，半谢妖饶犹好。便呼诗酒伴，同倾倒。

繁枝高荫，疏枝低绕。花底杯盘花影照。多情一片，恨我归来不早。断肠铺碎锦[2]，门前道。

注释

[1] 感皇恩：唐教坊曲名，后来用作词牌名。又名"人南渡""感皇恩令""叠萝花"。正体双调六十七字，前后段各七句。

[2] 碎锦：比喻细碎的花朵或波光。此处指海棠花。

作者简介

晁补之（1053—1110），字无咎，号归来子，济州巨野（今山东巨野）人，北宋文学家。十七岁跟随父亲至杭州，以所写《七述》拜谒苏轼，苏轼说其文辞"博辩隽伟，绝人远甚"，后成为"苏门四学士"（另有北宋诗人黄庭坚、秦观、张耒）之一。元丰二年（1079）进士及第，曾任吏部员外郎、礼部郎中。工书画，能诗词，文章风格近于苏轼。著有《鸡肋集》《晁氏琴趣外篇》等。

译文

往年海棠花开的时候，总是忙里偷闲来此观赏。而今拖着多病的身躯来寻访踏春，已经慵懒得春天也要过去了。偶然地到来，恰好遇到花已半谢的海棠，但依然妖娆好看。便呼唤着吟诗喝酒的同伴，一起尽兴醉倒。那繁密的高枝留下浓浓的树荫，低处的疏枝环绕身旁。花底下杯盘交错，花影映照在上面。如此多情之境，只恨我来得不够早。飘落的海棠花，如同细碎的锦布铺在门前路上，让人不禁悲伤断肠。

赏析

晁补之描写海棠的词作共有三首，《洞仙歌（群芳老尽）》《感皇恩（常岁海棠时）》《喜朝天（众芳残）》，三首的词题分别为"海棠""温园赏海棠""秦宅海棠作",可见其词专写海棠。正如郑谷《海棠》诗"妖娆全在欲开时"一句所述,晁补之的词作也以"妖娆"来描绘海棠。本词中"半谢妖饶犹好"指出海棠半谢时依然妖娆;《洞仙歌(群芳老尽)》中"最妖饶一段,全是初开"则描绘了海棠初开时的妖娆之态。《喜朝天(众芳残)》"天饶向晚春后,惯因欹晴景,愁怕朝寒"则着重于描绘晚春海棠的妖娆。

  晁补之抓住海棠花的妖娆特点之外,还特别喜欢用拟人手法来描绘海棠。本词中"多情一片,恨我归来不早"一句,词人就转换了视角,不从自己的角度来看待海棠花,而是将海棠拟人化,从海棠花的角度来嗔怨词人来得太晚,恨不能早日相见。其余两词中,也将海棠拟作少女,以"云鬓小,涂粉施朱未就""海棠正轻盈,绿鬓朱颜"来描绘海棠的姿态,海棠花的少女形象跃然纸上。

海棠

[宋] 崔鶠

浑是华清出浴初,碧绡[1]斜掩见红肤。
便教桃李能言语,要比娇妍比得无。

注释

[1] 绡:用生丝织的绸子。

作者简介

  崔鶠(1058—1126),字德符,祖籍开封府雍丘(今河南杞县)人。随父亲崔毗迁居颍州(今安徽阜阳),遂为阳翟(今河南禹州)人。元祐进士,曾任凤州司户参军、筠州推官。宋徽宗初立,因上书颂扬司马光,揭露章惇,被蔡京归入"邪等",罢官,退居郏城(今河南郏县)十余年。宣和六年(1124)召为殿中侍御史。宋钦宗即位,以谏官召用,上书论蔡京之奸,不久病卒。著有《婆娑集》。

译文

  一眼望去那海棠花完全是从华清池出浴的一般,绿色的绸子斜穿身上,露出红粉的皮肤。此时此景,即便是桃李之花能说话,要比娇艳又怎能比得上呢。

赏析

  这首诗以海棠为题,其着眼处全在烘托侧写,虽未直接描写海棠盛景,其赞颂之意却溢于言表。

  诗中起句就以杨贵妃的典故来喻指海棠花的色泽。据传杨贵妃在喝醉之时被唐明皇召见,侍从扶其面见皇上,但杨贵妃酒醉不能拜见,唐明皇非但没有生气,反而笑其是"海棠睡未足矣"。由此,杨贵妃被形容为海棠花并成为广为人知的佳话。所以诗人虽写海棠,但一开始却是从杨贵妃着手,称海棠真如杨贵妃华清池出浴之时的模样。具体则是"碧绡斜掩见红肤",这既是形容杨贵妃碧绡掩身露出出浴后红润的肌肤,又是形容海棠碧绿的枝芽中红艳的花朵。人花两相艳。

  诗人又从另一个侧面用桃李之花,来和海棠作比,称即使是桃李能言,但要论及娇艳也比不过海棠。这里突出海棠娇柔之美态,可见诗人对于海棠的称赞与喜爱。

念奴娇 [1]

[宋] 曾纡

江城春晚，正海棠临水，嫣然幽独。秀色天姿真富贵，何必金盘华屋。月下无人，雨中有泪，绝艳仍清淑。丰肌得酒，嫩红微透轻縠[2]。

晓日雾霭[3]林深，佳人春睡思，朦胧初足。笑出疏篱，端可厌，桃李漫山粗俗。衔[4]子飞来，鸿鹄[5]何在，千里移西蜀。明朝酒醒，乱红那忍轻触。

注释

[1] 念奴娇：词牌名，又名"百字令""酹江月""大江东去""湘月"，得名于唐代天宝年间的一个名叫念奴的歌伎。此调正体一百字，前片四十九字，后片五十一字。

[2] 轻縠（qīng hú）：轻细的绸。

[3] 雾霭：雾气。

[4] 衔：用口含物。《后汉书·张衡传》："外有八龙，首衔铜丸。"

[5] 鸿鹄：鸿是指大雁，而鹄则是天鹅。鸿鹄是古人对飞行高远鸟类的通称。借以比喻志向远大的人。

作者简介

曾纡（1073—1135），字公衮，晚号空青老人，南丰（今属江西）人，北宋丞相曾布之子，曾巩之侄。初以荫补为承务郎。绍圣中复中弘词科，崇宁二年（1103）坐党籍贬零陵。绍兴初，除直显谟阁，历两江盐运副使，知抚、信、衢三州。绍兴五年（1135），除知信州，未至而卒，年六十三。能诗善文工词，亦善书法，《全宋词》录其词九首。

译文

时值江城春天，天气向晚，我正驻足在水边的海棠树下，看到海棠花就静静地独自绽放，花态美好。这样的秀色天姿才是真富贵，不必非要食美味、居华屋。月光之下，空无他人，雨中海棠花滴水好似在流泪，花开正艳却依然清和秀美。海棠花色如同丰润的肌肤因为沾酒的缘故，晕开在轻纱之下，酡红轻透。拂晓迷雾弥漫山林深处，美人春睡，朦朦胧胧刚刚够。笑着走出稀稀疏疏的篱笆，可厌的是，漫山遍野的桃李显得有些粗俗。小雁飞来，从遥远的西蜀飞过来的大雁在哪呢？明日酒醒，怎么忍心触碰那雨后纷乱的落红？

赏析

  曾纡生于北宋，一生多被贬谪。本词以海棠起兴，引出自己的所思所感所想。作者首先描写海棠临水独立、悠然绽放的面貌，此处作者情绪稍显轻松愉悦，然而后一句作者话锋一转，以秀色指海棠花，作者慨叹海棠花保持自身的身姿绰约才是真正的显贵，而无须凭借周围高贵的环境。"月下无人，雨中有泪"在这里既可以理解为雨中的海棠花在流泪，也可以是作者对自己状态的描写，即站在空无他人的雨中，自己独自流泪。在这里，作者更多地将自己比作海棠，海棠在雨中依然争奇绽放、清和秀美，象征作者自己虽然历经坎坷，但依然初心不改，保持自身理想。后半篇，作者写自己通宵饮酒，看着弥漫至树林深处的雾霭，迷迷糊糊之中思念起远方的佳人。作者走出藩篱，顿觉漫山的桃李没有丝毫清新脱俗之感。作者感叹本该归来的鸿鹄却已不见踪迹，心中不觉催生出迷茫、沮丧之情。

  整体上看，作者托物言志，以海棠为线索，言明自己虽然遭受挫折，但自身的品格、才能才是高贵之所在；"月、雨、鸿鹄"等意向的运用，流露出作者寂寥的境遇。这首词将风雨与傲然绽放的海棠结合在一起，赋予了海棠坚韧、独立的品格。

虞美人[1]·寒食泛舟

[宋] 叶梦得

平波漾绿春堤满。渡口人归晚。短篷[2]轻楫费追寻。始信十年归梦、是如今。

故人回望高阳里。遥想车连骑。尊前[3]点检[4]旧年春。应有海棠犹记、插花人。

注释

[1] 虞美人：词牌名，又名"一江春水""玉壶水""巫山十二峰"等。正体为双调五十六字，前后段各四句。

[2] 短篷：有篷的小船。

[3] 尊前：在酒樽之前，指酒筵上。

[4] 点检：清点、检核。

作者简介

叶梦得（1077—1148），字少蕴，号肖翁、石林居士，苏州长洲人。南宋文学家。绍圣四年（1097）登进士第，时任江东安抚制置大使，兼知建康府、行官留守。晚年隐居湖州弁山玲珑山石林，故号石林居士，勤于著作，所著诗文多以石林为名，存世有《建康集》《石林词》《石林诗话》《石林燕语》等。绍兴十八年（1148）卒，死后追赠检校少保。

译文

春天里水面不起波纹，春水绿意盎然，涨满了堤岸。渡口处行人晚归。坐着乌篷船划着舟楫，追寻着春色。才开始相信十年间归家的梦想，如今终于实现。故人回看着高阳里，遥想着当年车马相连的情景。酒杯前回想着旧时的春光，应该有海棠花记得我这个插花的人。

赏析

叶梦得作为南渡词人中年辈较长的一位，开拓了南宋前半期以"气"入词的词坛新路。其词中之气多表现为英雄气、狂气、逸气。但本词就其内容而言，则

尊前點檢舊雲煙 有海棠猶記栖花人

显现了几分"迟暮之气"。

本词的词题为"寒食泛舟",正是暮春寒食节气,词人饮酒江上,泛舟而游。在中国传统的文化意象中,泛舟具有很强的隐逸气质。从具体的表达来看,词人虽然一开始描绘了水涨堤满的春天景色,但一句"人归晚"立即将本可能是生机盎然的基调,拉进了傍晚伤怀的氛围。词人不禁感叹"十年归梦",回想当年意气风发之时,不免心生凄凉,只能回忆旧时春色,而旧时正与当下形成了强烈对比,更增添了此刻的时光已逝之感。

词人对比今昔,只有当年插种的海棠花,还能留下旧时的印记。当然,这里词人也使用了换位拟人的表达手法,本应是我记得海棠花,却偏偏将海棠花拟人化,言说她还记得我这个种花人。这种拟人手法将诗歌情感推向深入,显示作者对旧时的深切怀念。

桃源忆故人

[宋] 朱敦儒

雨斜风横香成阵。春去空留春恨[1]。欢少愁多因甚。燕子浑[2]难问。

碧尖[3]蹙损[4]眉慵[5]晕[6]。泪湿燕支[7]红沁。可惜海棠吹尽。又是黄昏近。

注释

[1] 春恨：犹言春愁、春怨。

[2] 浑：完全、简直。

[3] 碧尖：眉头。

[4] 蹙（cù）损：眉头紧皱蹙缩而损其容颜。形容忧伤之甚。

[5] 慵：懒。

[6] 晕：画眉。

[7] 燕支：同"胭脂"，一种女子用于化妆或画师创作国画的红色颜料，亦泛指鲜艳的红色。

作者简介

朱敦儒（1081—1159），字希真，号岩壑老人，洛阳（今河南洛阳）人，南宋词人。早年隐居不仕，曾任兵部郎中、临安府通判、秘书郎、都官员外郎、两浙东路提点刑狱等职。其词语言清畅俚俗，多写隐居生活；南渡后也有感怀愤激之作。有"词俊"之名。著有《岩壑老人诗文集》，已佚失；今存词三卷，名《樵歌》。

译文

风雨飘横，带来一阵阵香气。春天已经过去，空留下人们许多春愁。欢乐的时光太少，而愁思太多，到底是为什么。问那燕子是完全问不出来的。眉头紧皱忧伤不已，也懒得去画眉梳妆。泪水滑落弄湿了胭脂，脸庞沁染成红色。可惜海棠花被风吹落尽，又到了快黄昏的时候。

赏析

朱敦儒词作语言流畅，清新自然。这首词主要表达春恨之意，从雨斜风横到落红满地，春天已到暮春，词人一句"欢少愁多因甚"传达出内心的愁绪。《草堂诗余续集》解读本词说道："不知何因，又无可问，故为春恨。"这句欲问难问的表达正切合了主人公内心的矛盾心情。词上半阕写内心感受，下半阕直接描写了思妇的面容，其苦楚之情益于眉目。结尾处海棠吹尽，时已黄昏，情景交融中满含凄凉之意。王安石有诗"海棠花下怯黄昏"，同样以海棠与黄昏两个意象相联合，以传达内心情感。这里海棠花的凋零，与暮春黄昏的凄冷共同营造了哀伤凄婉的意境。

通观全词，由景生情，情发于心，情溢于表，情归于景，形成了一个写景言情的循环，而黄昏时的海棠花无疑成为情感流动的最高点。

好事近 [1]

[宋] 周紫芝

春似酒杯浓，醉得海棠无力。谁染玉肌丰脸，做燕支颜色。

送春风雨最无情，吹残也堪[2]惜。何似且[3]留花住，唤小鬟催拍[4]。

注释

[1] 好事近：词牌名，又名"钓船笛""倚秋千""秦刷子""翠圆枝"等，双调四十五字，前后片各四句。

[2] 堪：能、可。

[3] 且：还是。

[4] 拍：乐曲的段落，如东汉蔡琰有《胡笳十八拍》。

作者简介

周紫芝（1082—约1155），字少隐，号竹坡居士，宣城（今安徽宣城）人。绍兴中登进士科。少贫，勤学不辍。后历右迪功朗敕令所删定官、枢密院编修官。绍兴二十一年（1151），出知兴国军，秩满，奉祠退隐庐山。宋南渡时期，与王相如、李宏、詹友端是名噪一时的"宣城四士"。工诗善词，风格以清丽婉曲为主，著有七十卷诗文集《太仓稊米集》，另有《竹坡词》《竹坡诗话》存世。

译文

春意撩人，好似醇厚美酒，只饮一杯便觉浓郁。海棠已醉，恰如柔弱女子，刚想小酌已不胜酒力，为融融春光而倾倒。是谁如此用心，将海棠如玉温润的肌肤和丰满雍容的面庞染上了胭脂的颜色？送走春天的风雨最是无情，一场风雨将花朵吹得凋零残败是多么叫人可叹可惜呀！不如趁着海棠停留在盛放的这一刻，唤小鬟来催发一段与之相宜的乐曲岂不美妙？

赏析

周紫芝词以清丽婉曲见长，本词便可管窥。上阕着一"醉"字，春意全出。词人首先将浓郁的春意比作杯中美酒，让人有沉醉之感，接着又将海棠花比拟为玉肌冰骨丰润面庞的雍容女子，饮下这杯春之美酒也呈现出柔弱无力之态，别致生动地描摹出海棠盛开时垂蕊压枝缤纷烂漫的可人之姿。进而用问句自然巧妙地过渡到词人赏花之闲情雅致，一如欣赏女子，施朱则太赤，着粉则太薄，只消胭脂颜色稍稍点染便是恰到好处，不仅海棠花之形态、颜色毕现，更见词人为海棠天然一段风流所陶醉的韵味。

  下阕则由眼前醉春赏花之闲情雅致勾起伤春惜花之惆怅叹惋，一场雨疏风骤后免不了要绿肥红瘦。莫不如惜取眼前花，唤小鬟催拍吟咏共赏海棠，尽情享受当下的春光与美景，重回赏花之悠闲情思。作者将一种闲情逸致抒发得层次丰富、清新自然，也为这幅"海棠春醉图"配上了乐之律动与人之留恋，引人遐思，回味无穷。

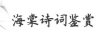

如梦令 [1]

[宋] 李清照

昨夜雨疏风骤,浓睡不消残酒,试问卷帘人[2],却道海棠依旧。知否?知否?应是绿肥红瘦。

注释

[1] 如梦令:词牌名。又名"忆仙姿""宴桃源""无梦令"等。正体单调三十三字,共七句。

[2] 卷帘人:卷帘的侍女。

作者简介

李清照(1084—约1151),号易安居士,齐州(今山东章丘)人。南宋女词人。婉约词派代表,有"千古第一才女"之称。李清照出身书香门第,早期生活优裕,父亲李格非为当时著名学者,丈夫赵明诚为著名金石考据家。出嫁后与丈夫共同致力于书画金石的搜集整理。金兵攻入中原时,随夫南渡,后丈夫病死。所存词作,前期多写悠闲生活,后期多悲叹身世,情调感伤。形式上善用白描手法,语言清丽典雅。曾著《易安居士文集》《易安词》,但已散佚。后人有《漱玉词》辑本。

译文

昨天夜里下着小雨,风却很大。沉沉地酣睡依旧没有摆脱残留的醉意。试着问正在卷帘的侍女屋外的海棠如何了?得到的回答却是海棠花还是原来的样子。但你可知道,你可知道,经过昨夜风雨,海棠花应该已经开始凋零,绿叶冒出,花瓣零落。

赏析

李清照作为女性文学家在中国文学史上独树一帜,其词在风格上也成为婉约词派的重要代表,清代沈谦在《填词杂说》中称其"为词家一大宗矣"。从整体上讲,李清照的词以金兵入据中原,流寓南方为界,形成了两种不同的感情基调。前期多写闲适生活,表达日常情感;后期多悲叹身世,情调感伤。

这首词是李清照早期的作品,词中围绕海棠这一景物,将作者复杂的情感表达得细致深入并具有故事性。昨夜骤风疏雨的阴冷天气正呼应着作者阴沉的心情。不断地举杯饮酒,仿佛为了驱赶沁人的寒意,也更为了排解作者恼人的心绪。作者一边喝酒一边望着风雨中的海棠花,其心情自是会更加愁闷。即使一夜沉沉的睡眠,仍不能消除第二天醒来残存的酒劲。此时,作者因醉酒而慵懒得不能起身,但心中对海棠的挂念却如此急切,赶忙问正在卷帘的侍女,屋外的海棠花怎么样了?侍女又怎么了解词人的心境,又或者出于安慰女主人的意图,淡然地说海棠花还是原来的样子。但词人又怎能相信这样的回答。回想昨夜的风雨,海棠的零落,必定已成定局,词人自问自答地说海棠花必定绿叶多而花朵少。其忧愁伤怜的心情溢于言表。

　　从整体上讲,这首词运用非常短的文字,极好地谱写了海棠花所处的情景以及作者浓浓的愁绪,两者相互呼应,不断共鸣。最后在作者和侍女戏剧性的对话中,曲折地表达了这份不为人所理解的情绪,将寄托于海棠花的哀思推上了更高的一个层次。

虞美人·东山海棠

[宋] 李弥逊

海棠开后春谁主。日日催花雨。可怜新绿遍残枝。不见香腮和粉、晕燕脂[1]。

去年携手听金缕[2]。正是花飞处。老来先自不禁愁。这样愁来欺老、几时休。

注释

[1] 晕燕脂：胭脂红色被水润湿而晕开。

[2] 金缕：唐代乐曲名，称为《金缕曲》。

作者简介

李弥逊（1089—1153），字似之，号筠溪翁、筠溪居士、普现居士等，祖籍连江（今属福建），生于吴县（今江苏苏州）。大观三年（1109）进士。高宗朝，试中书舍人，再试户部侍郎，因反对议和忤逆秦桧，请求归田。晚年归隐连江西山。所作词多抒写乱世时的感慨，风格豪放，有《筠溪乐府》。

译文

海棠花开后谁主春光呢？时光催动花儿如雨般落下。可惜那新发的绿芽长满了落花的残枝。此情此景，已不见美人擦满香粉、润湿胭脂的脸庞。去年一起携手听《金缕曲》，正好是花儿飘飞时节。人的年岁渐长，禁不住哀愁。但这样的愁绪时时欺来，何时才能到头。

赏析

本词词题为"东山海棠"，专为海棠而写。起首句"海棠开后春谁主"，既描写了海棠花开时，主宰春光的风景，又述说了海棠花后已是暮春，没有能够再争艳春光的花朵。"可怜新绿遍残枝"非常细腻地刻画了海棠花的样子。刚发的绿叶自是惹人怜爱，但凋零的花朵也自是让人感觉残败。而"香腮和粉、晕燕脂"又是从海棠花联想到具体的人。这粉艳的妆色既是写人，也是写海棠花。去年两人携手听曲赏花，今日却只能独自哀愁。今昔的对比，正如海棠主导下春光即将流逝,共同营造了一种悲凉的意境。

　　这首词借用海棠花谢的意象,表达了对于年华易逝的感伤之情。情感真挚动人,语言平实温婉,是一首优美的伤春怀人之词。

忆秦娥[1]

[宋] 蔡伸

花阴月。兰堂[2]夜宴神仙客。神仙客。江梅[3]标韵[4],海棠颜色。

良辰佳会诚难得。花前一醉君休惜。君休惜。楚台[5]云雨,今夕何夕。

注释

[1] 忆秦娥:词牌名。最早见于李白"箫声咽"词,咏秦穆公女弄玉事。因李白词中有"秦娥梦断秦楼月"句,故调名"忆秦娥",又名"秦楼月""双荷叶""碧云深""花深深""中秋月"等。

[2] 兰堂:芳洁的厅堂。

[3] 江梅:一种野生梅花。

[4] 标韵:风姿气韵。

[5] 楚台:楚王梦遇神女之阳台,后多指男女欢会之处。

作者简介

蔡伸(1088—1156),字伸道,号友古居士,兴化军仙游(今福建)人,北宋名臣蔡襄之孙。宋徽宗政和五年(1115)进士,先后做过太学辟雍博士,滁州知州、徐州通判及知州,以及浙东安抚司参议官。少有文名,擅长书法、工词,词风铺张华丽、凄婉感伤。著有《友古居士词》一卷,存词175首。

译文

月照花丛,影影绰绰,花影如同一位仙客,来到厅堂里同我把酒言欢。这位仙客,有着江梅的风韵,海棠的姿色。这样美好的时刻的确难得,君莫要吝惜,且在花前醉饮。不要吝惜此刻的欢愉,和仙客欢爱,今晚是多么美好啊!

赏析

蔡伸,是北宋名臣蔡襄之孙,经历了前期北宋的太平盛世,也经历了金兵入侵、赵构南迁的颠沛流离,属于典型的南渡词人。南渡时,蔡伸加入康王赵构幕僚，历任多个地区知府。正遇权相秦桧当朝，蔡伸因不肯攀附秦桧，遭到秦桧的排斥，屡经迁调，仕途不顺，对个人生活和词的创作都带来较大的影响，抒发的感情也较前期更为哀婉感伤、深沉刻骨。

  这首词创作年份不详。词人以男性的口吻描绘了月下花影把酒言欢的场景，看似表达了对男女欢愉的留念之情，实则又暗含了词人内心的孤独惆怅之意。上阕用拟人的手法，将月下花影喻为"神仙客"，她如同一位貌美的佳人，有着江梅、海棠的姿容风貌，入席陪同词人把酒言欢、对酒当歌。下阕词人直抒胸臆，表示要珍惜有美人相伴，有酒对饮的难得时光。花前月下及时行乐，是何等的一件美事。但是此"神仙客"又非真美人，是花影幻化出来的意象，词人在花前月下不过是独自畅饮。以"神仙客"的到来更反衬出词人的孤寂和对良辰美景的渴望与珍惜，对往日美好生活的怀念，对时间流逝的悲慨，产生了及时行乐的惜时之情。

  山高水远，几时再能相见，所以对酒当歌，及时享受生活，不留遗憾。这样的感情，也大致映衬了词人在南渡后经历了离乱漂泊、山河易主、与情人散多聚少的人生经历，表达了内心的悲慨，及对人生命运的无奈喟叹，寄意深刻，韵味悠远。

感皇恩

[宋] 蔡伸

膏雨[1]晓来晴,海棠红透。碧草池塘袅金柳。王孙何在,不念玉容消瘦。日长深院静,帘垂绣。

璨[2]枕堕钗,粉痕轻溜。玉鼎龙涎[3]记同嗅。钿筝[4]重理,心事谩凭纤手。素弦弹不尽,眉峰斗[5]。

注释

[1] 膏雨:滋润植物的及时雨。

[2] 璨:明亮、灿烂。

[3] 龙涎(xián):一种著名香料。

[4] 钿筝:嵌金装饰的筝。

[5] 眉峰斗:眉头蹙起。

译文

春雨后的清晨醒来,天气放晴,屋外的海棠花已开得甚是嫣红,池塘边绿草茵茵、金柳飘飘,春意甚浓。我的夫君在哪里呢,因思念不禁面容憔悴消瘦。白天过得很漫长,庭院深深,非常安静,门上的帘子垂下随风晃动。拿下头上的钗子躺在华美的枕上,思念的泪水在脸上轻轻流出一道淡淡的胭脂粉痕迹。那玉制香炉里飘出龙涎的香气,记得之前的日子我们还一同闻过。起身重理嵌金的筝,心事重重寄于纤纤玉手下的乐声。然而琴弦也弹不尽心里的相思之苦,不禁眉头皱起。

赏析

蔡伸的词作,以《全宋词》所录为依据,共创作了175首词。其中,思妇词124首,另有咏怀词23首、游历词12首及其他题材词作。思妇词在蔡伸的词作中占比最大,占据了他作品篇幅的三分之二,可谓"一本《友古词》,半部思妇歌"。

这首词是一首典型的思妇词。全词以深闺女子的口吻叙述相思之情,通过景物烘托、动作细节来展现女子孤独寂寞、百无聊赖、哀婉凄清的内心世界。上阕

点明时节，海棠花开、碧草初长、金柳飘扬，深闺外是一番秾丽的春景，词人用红色、绿色、金黄等颜色相互映衬，描绘了一幅生机盎然的春日图。而屋内，心心念念的男子不在身侧，独守深闺，佳人不禁日夜思念，早已玉容消瘦。屋外屋内的鲜明对比，更加反衬了佳人内心的孤独与思念之深刻。下阕着重通过动作描写来抒发女子的相思之苦。"深院静"与"帘垂绣"是一动一静的对比，更衬托出屋内的寂静。女子愁绪只能通过弦端抒发，但又无法尽抒，不禁皱起眉头。

  这首词明是写景写物，实则为写情，可谓"一切景语皆情语"。离人遥遥，朝期暮盼。愁肠百断，幽怨绵绵。全词在写思妇痛苦的相思之情时，又能做到"哀而不伤，怨而不怒"，透着淡淡的缠绵哀婉之境，真切动人。

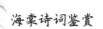

和咏海棠韵

[宋] 李祁

名花初发爱轻阴[1]，翠袖红妆渐满林。
步入锦帷香径小，醉扶银烛画堂深。
妖饶喜识春风面，零落愁关夜雨心。
多幸凤皇池[2]上客，为抽劳思写清吟[3]。

注释

[1] 轻阴：疏淡的树荫，与浓荫相对。

[2] 凤皇池：凤池，古代禁苑中的池沼，为中书省所在地。宋柳永《望海潮（东南形胜）》中写道"异日图将好景，归去凤池夸"。

[3] 清吟：清雅地吟诵。

作者简介

李祁（1114年前后在世），字萧远（一作肃远），生卒年不详。雍丘（今河南杞县）人。曾在宣和间担任监汉阳酒税，官至尚书郎。李祁年少时即以诗作闻名。其诗词风格清新婉丽，意境超逸，多撰写自己游历之所见，擅长山水描绘。《乐府雅词》收录其十四首词作。

译文

海棠这种名贵的花刚刚开放之时喜欢躲在疏淡的树荫之下，盛装打扮的赏花女子很快就在林子里面聚满了。她们从花间小路走过，掀开锦制帷幕步入房间。因为酒醉所以扶着银制的烛台细细端详华丽宽敞的房间。海棠花盛开，它们应感到庆幸，能够在娇艳美好时被这些面容姣好的女子所赏识，等到花朵凋零的时候就只能引发她们对于远方亲人的愁思了。而我也要感激凤凰池那里的贵人啊，正是他的赏识，让我能够从繁杂的劳作中抽身写下这些清雅的诗歌。

赏析

李祁年少成名，官运顺达，官至尚书郎。其一生可以说是一帆风顺、衣食无忧。纵观其诗词作品，大都记叙自己游历风景，抒发闲愁。正如这首诗中，诗人评价自己的诗作是"清吟"。而本首诗就是借助赏海棠花的契机，抒发自己富足生活中的闲思清吟。

在诗中，诗人从赏花女子的视角出发，移步换景，从室外转向室内。室外是海棠花初开，小径飘香，一片明媚春光。女子喝到微醺，从花香小径走回自己的住处。通过"锦帷""银烛""画堂"等描绘可以看出，赏花女子居住的环境富足优雅。室内与室外的美好景象构筑起了一幅优美的春日画卷，引发作者的无限遐想。作者不禁从春风中初放的海棠花联想到自己。海棠花是因为其优美娇艳而获得赏花女子的青睐，自己何尝不是因为才华而得到宰相的赏识呢？海棠的盛开与零落的变化只在一季之间，要是盛开时无人欣赏，就只能在凋零之后令人叹息。而我现在能够在这里轻松地写这样的"清吟"，也需要感谢"凤皇池上客"的恩泽啊。

这首诗着重提取了海棠意向中富贵以及别离的寓意，用联想的手法抒发了自己对于知遇之恩的感激。所谓"女为悦己者容，士为知己者死"，花能够获得美女的赏识不枉盛开一季，而自己能够得到贵人赏识并委以重任确实是人生一大幸事。

窦园醉中前后五绝句（其一）

[宋] 陈与义

海棠脉脉[1]要诗催，日暮紫绵[2]无数开。
欲识此花奇绝处，明朝有雨试重来。

注释

[1] 脉脉：默默地用眼神或行动表达情意的样子。

[2] 紫绵：最名贵的海棠品种。沈立《海棠记》中注云："若冕言，则江西人正谓棠梨花耳。惟紫绵色者，最佳之海棠。"

作者简介

陈与义（1090—1139），字去非，号简斋，祖籍京兆（今陕西西安）人，徙居洛阳（今河南），南宋诗人。宋徽宗政和三年（1113）进士，任开德府教授。宋室南渡，陈与义避难南奔。绍兴间，官至参知政事。善诗能词，与黄庭坚、陈师道并称江西诗派"三宗"，后期经历战乱流离，诗词风格转为悲壮苍凉，似杜甫诗歌风格。著有《简斋集》《无住词》。

译文

海棠像姑娘一样脉脉含情，羞于开放，要我吟咏动听的诗篇催促她，才肯登场。傍晚时分，无数枝紫绵海棠终于一齐绽放了。想要知道此花的奇妙之处，如果明天下雨，你再来好好地欣赏。

赏析

本诗写于1125年北宋时期。诗人在窦园饮酒作诗共五首，多描写春天之景，饮酒赏春中传达出一种愉悦之情。

本诗主要写海棠，起首句以拟人手法描绘了海棠脉脉含情的样子，仿佛只有诗歌才能吸引海棠展现美妙的身姿。而在诗人诗情的催动下，傍晚时海棠花中的名品紫绵全部盛开了。如此美景表达了诗人对海棠的喜爱和欣赏。然而在诗人看来，最为奇绝的景色是雨后的海棠。雨后海棠在其他诗词中多是残败之景，令人心生哀情。但陈与义则特别欣赏这一意象，不仅本诗，在其之后的诗词中也多次提及。"海棠不惜胭脂色,独立蒙蒙细雨中"展现了海棠不畏寒雨独自绽开;"燕子不禁连夜雨,海棠犹待老夫诗"则写出了海棠在雨中等待与诗人相会。对海棠的喜爱,成为诗人情感中的一抹亮色,即使是天寒时节、落雨纷纷,也挡不住海棠带来的喜悦。

春寒
[宋] 陈与义

二月巴陵[1]日日风，春寒未了怯园公[2]。
海棠不惜胭脂色，独立蒙蒙细雨中。

注释

[1] 巴陵：古郡名，治所在今湖南岳阳，洞庭湖畔。
[2] 园公：借居小园，遂自号园公，指诗人自己。

译文

二月的巴陵，春寒未尽，日日有风，料峭刺骨，我因着春寒也冷不自禁。园中海棠花不吝惜红艳的花瓣，任凭风吹雨打，依然遗世独立于细雨中。

赏析

此诗创作于南宋高宗建炎三年（1129）二月，当时金兵南侵，南宋朝廷正处于风雨飘摇之际。作者几经逃难，避乱于巴陵，借居于郡守后园的君子亭，自称"园公"。春寒料峭，诗人独立于园中，为花木忧心而写下了此首诗。

诗人开头直接写出时间、地点，寒风袭人，气温低下，正处于倒春寒时节。在风雨的侵袭之下，花朵凋零，园中冷肃萧条，怎能不使"园公"害怕呢！诗人营造了一种凄凉愁苦的氛围。颈联与尾联转而描述院中海棠，浓艳娇艳的海棠，不畏寒风冷雨的侵凌，不惜鲜红花朵的飘零，毅然冒寒在风雨中独自开放了。

诗人在这里将海棠花人格化了，既写了海棠"独立蒙蒙细雨中"，如漂泊异乡的诗人一样内心孤寂凄凉的心情，同时通过描写海棠"不吝惜"污损"胭脂色"，傲然"独立"，塑造了海棠美艳绝伦的姿容，表现了海棠与"风""寒"斗傲的孤高绝俗精神，展现了海棠在春寒中傲然独立、敢和风雨抗争的坚韧品格，托物言志言情。此首《海棠》诗的风格与陈与义的其他海棠诗风格迥异，他以红色娇艳与寒风冷雨形成鲜明对比，更凸显了海棠在寒冷的早春风雨中傲然屹立、花蕾绽放的刚健挺拔之姿，以它遗世独立的高贵品格表现诗人不为挫折所打倒的坚强意志，成为自我的生动写照。

雨中对酒庭下海棠经雨不谢
[宋]陈与义

巴陵二月客添衣,草草杯觞[1]恨醉迟。
燕子不禁连夜雨,海棠犹待老夫诗。
天翻地覆[2]伤春色,齿豁头童[3]祝圣时[4]。
白竹篱前湖海阔,茫茫身世两堪悲。

注释

[1] 草草杯觞(shāng):简单的酒食。觞:盛有酒的杯。
[2] 天翻地覆:社会巨大的变乱。
[3] 齿豁头童:牙齿残缺,头发脱落,形容人的衰老。
[4] 祝圣时:遥祝圣明时代到来。

译文

早春二月,冷风凄凄,旅居巴陵的我不得不添衣御寒。草草地吃着简单的酒饭,恨自己久久不能喝醉。归巢的燕子瑟缩着毛羽,连夜寒雨使它们畏怯难飞。庭下的海棠却能经雨不谢,仍然争芳吐艳待老夫我吟诗。呵,一想到天地翻覆,故国难回,春光愈美愈令人伤悲。我头秃齿落身体日衰,仍洒泪遥祝太平圣时。白竹篱前是辽阔的湖海,我身世凄迷,前途茫茫,忧国伤己,悲戚一重又一重!

赏析

建炎二年(1128)秋,陈与义抵岳阳,留居数月,不幸除夕后遇火灾,不得已而借友人后园君子亭居之。建炎三年(1129)二月,诗人居于君子亭时写下这首诗。

本诗起句以平缓的语调叙述了写诗的地点、时间以及诗人对环境的感受。不过,这表面的平静下实则翻腾着汹涌的波涛。流离的诗人渴望恢复故土、结束战乱,而现实又是那样令人窒息,因此次句诗人就不再抑制自己,而出以愤激之词。"恨醉迟",即世人皆醉己独醒之意。诗人恨自己清醒得太久、沉醉得太迟,即便以酒浇愁,麻醉自己,也无济于事,只能忧上加忧,正所谓"举杯消愁愁更愁"。可见这首联二句虽为叙事,但写得跌宕起伏,用意深邃。

颔联二句写景。宋人诗词中，有以莺燕比喻趋炎附势、苟且偷安的小人。这里的燕子既为实指，又含有比喻朝廷宵小之意。前一句表现了诗人对投降派的憎恶和谴责。后一句则通过海棠这一经雨不谢的形象，表现了对气节高尚者的崇敬和称颂。这二句，诗人将自己的感情寓于对景物的描绘之中。

颈联二句，诗人的感情达到了高潮。此联由句中自对（"天翻"对"地覆"，"齿豁"对"头童"）的"当句对"组成，语气庄重严肃，直抒胸臆，起到了将内心感情全部抒发出来的强烈效果。两句即杜甫"国破山河在，城春草木深"之意，内容和风格都逼近杜甫。

尾联二句为全诗作结。第七句将前四句一并打住，把读者的目光再引到君子亭前的酒席上。"白竹篱"应是君子亭外的实景，意为竹篱在霏霏春雨中泛出白光。"湖海阔"则由眼前景物联想到广阔世界，又喻挽救时局的"湖海"之志。但是，国家既已"天翻地覆"，个人又是"齿豁头童"，如今飘荡在这茫茫湖海之上，四顾无依，念及此，悲愤填膺。"堪悲"前着一"两"字，就将五六句以至全诗所抒写的忧国之情，作了全面总结。

全诗由叙事、写景到抒情，层层推进，逐步形成高潮，而感慨悲壮、意境深阔。从这首诗，即可窥见诗人忧国深情之一斑。

倅车[1] 送海棠

[宋] 张九成

瘴雨蛮烟西复东,海棠岭下占春风。
清肌本自同梅洁,晕脸应知是酒红。
澹著[2] 燕脂春未透,半匀[3] 胡粉[4] 日初烘。
此花不与凡花并,桃李休矜[5] 造化[6] 工。

注释

[1] 倅车:副车。《周礼·夏官·射人》:"乘王之倅车。"郑玄注:"倅车,戎车之副。"后称州郡长官副职为倅,因亦以就任倅职为乘倅车。

[2] 澹著:淡着。

[3] 匀:使均匀。

[4] 胡粉:古代用于涂脸或绘画的铅粉。《后汉书·李固传》:"固独胡粉饰貌,搔首弄姿。"

[5] 矜:自尊自大、自夸。

[6] 造化:自然界的创造者。亦指自然。

作者简介

张九成(1092—1159),字子韶,号横浦、横浦居士、无垢居士,其先范阳人,徙居开封,后徙居钱塘(今浙江杭州)。少游京城,曾拜理学家杨时为师。绍兴二年(1132)进士廷对第一,授镇东军签判,累官宗正少卿,权礼部侍郎兼侍讲,兼权刑部侍郎。后因与秦桧不和,谪居安南军长达14年。秦桧死,出知温州,不久病逝于任上。宝庆初,朝廷追封其为崇国公,谥"文忠"。有《孟子传》《横浦集》等传世。

译文

我从西部走到东部,所到之处遍布瘴气烟雨,只在眼前山岭下,看到海棠在春风中独领风姿。海棠花瓣和梅花一样高洁,泛红的花瓣就像是饮酒后的脸容。如同涂抹着淡妆的海棠花并未完全开放,随着太阳刚刚升起,花瓣逐渐泛红。这些海棠花与其他的花大有不同,桃花、李花在海棠花的面前都不要自恃是自然巧琢之物。

赏析

　　此诗是作者送海棠之作。诗人首先交代了送海棠的环境,从荒凉的地方出发,与当前海棠嫣然生长的环境作对比,衬托出海棠傲然开放的姿态。接着,作者用"清肌本自同梅洁,晕脸应知是酒红"将海棠花与梅花作对比,在言明海棠花同样具有梅花高洁品性的同时,将海棠花拟人化,认为其似饮酒后泛红的脸蛋,这句形象生动地描写出海棠花开的优雅、娇嫩。紧接着"瀹著燕脂春未透,半匀胡粉日初烘"也是对海棠花的描写,作者对海棠花的喜爱之情溢于言表。最后一句,作者托物言志,直接将海棠花与其他花作对比,认为就算巧夺天工的桃花、李花,在海棠花面前都会逊色,海棠花生长在冬春之交,天气寒冷,但阻止不了它生长的脚步,在这里,作者突出海棠花的傲然高洁,遗世独立,并以花言己,表达顽强不倒、坚持自我的品质。

　　整体而言,此诗以海棠(花)为核心进行描写、渲染,托物言志,以海棠喻己,突出海棠花的生存环境、生长状态,以海棠花生存环境的恶劣,反衬自己当前处境之艰难;以海棠花绽放的绰约风姿,反衬自己仕途的坎坷。

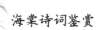

雨中海棠

[宋] 程敦厚

玉脆红轻不耐寒,无端风雨苦相干。
晓来试卷珠帘看,簌簌[1]飞香[2]满画栏。

注释

[1] 簌簌:落叶等纷纷飘落的样子,这里指花瓣。
[2] 飞香:飞落的海棠花。

作者简介

程敦厚(生卒年不详),字子山,眉山(今四川眉山)人。宋高宗绍兴五年(1135)进士。历任校书郎、起居舍人兼侍讲、中书舍人。因为谄附秦桧,随秦桧死而落职,被贬谪为赣州安远令。其现存诗多写景咏物之作。

译文

海棠花如同玉一般脆弱,红粉轻盈,耐不住寒冷的侵扰。但那风雨却无端地要去摧残它。清晨破晓时试着将珠帘卷起来看,纷纷飘落的海棠花瓣洒满在画栏之间。

赏析

程敦厚关于海棠的诗歌现存四首,收录在宋人陈思所辑撰的《海棠谱》中。本诗题作《雨中海棠》,描写了海棠花被风雨摧残的情景,但一句"簌簌飞香满画栏"直接描绘了一幅花瓣洒满画栏的美妙景色。在其他诗词的描述中,海棠飘落这一典型意象,通常表达一种凋零悲凉的气氛,但此诗却一改常规,传达出不一样的欣赏和喜悦。宋僧惠洪有《冷斋夜话》言"吾平生无所恨,所恨者五事耳",其中一恨即为"海棠无香",但程敦厚却以"飞香"描绘海棠,再配以画饰的栏杆,表达了看到眼前景色的隐隐喜悦。诗中"试卷珠帘看"这一句所表达的场景,恰恰与李清照"试问卷帘人"相类似,但不同于李清照所表达的"绿肥红瘦",程敦厚此处的"飞香满画栏"形成了完全不同的感情基调,这种一反经典的表达方式更显现出作者对海棠的喜爱。

虞美人·和姚伯和

[宋] 王千秋

风花南北知何据。常是将春负。海棠开尽野棠开。匹马崎岖还入、乱山来。

尊前人物胜前度。谁记桃花句[1]。老来情事[2]不禁浓。玉佩行云[3]切莫、易丁东[4]。

注释

[1] 桃花句：唐代诗人崔护独游都城南，入一庄，遇一女子，第二年清明再至此庄寻该女子，而门已锁，于是题诗门上："去年今日此门中，人面桃花相映红。人面不知何处去，桃花依旧笑春风。"

[2] 情事：此处指情怀。

[3] 行云：男女私会。宋玉作《高唐赋》，记巫山神女与楚怀王梦中相会之事。神女曰："妾在巫山之阳，高丘之阻，旦为朝云，暮为行雨，朝朝暮暮，阳台之下。""行云"由"朝云""行雨"简省而来。

[4] 丁东：玉佩撞击的声音。

作者简介

王千秋（生卒年月不详），字锡老，号审斋，东平（今属山东）人，流寓金陵，晚年转徙湘湖间。与游者张安世、韩元吉等，皆南渡初名士，年辈应亦相类。词风清新可喜，著有《审斋词》一卷。

译文

风吹着花儿飘飞南北，又有什么可以凭靠的？经常是将这春天辜负。海棠花开完了野棠又开了。我骑着马走过崎岖的山路，到这乱山之中。酒杯前的你胜过上一次相见。谁又记得"人面不知何处去，桃花依旧笑春风"的诗句？老来面对世事，情感不禁浓烈。在我们相约见面的时候切莫佩带玉佩，容易发出响声，打扰了我们的心情。

赏析

  此首小令,以平易的语言描写了春季寻访的故事。词中上阕主要写景,描绘了春天花瓣飞舞的时节,海棠花和野棠花都竞相开了,此时,作者只身骑马,从崎岖的山路进入山中。诗人为何骑马入山中,下阕就给予了直接的回答。原来是去山中赴相约之会。然而时光荏苒,物去人非,让人不禁想起崔护所描写的诗句"人面不知何处去,桃花依旧笑春风"。这里诗人借用此典故,描写了山中寻访相见的时光移转,人已老去。

  诗中"老来情事不禁浓"一句,可谓点睛地描绘了人生老迈之时,对于世事人情不禁容易生出浓烈的情感,这种情感无疑更多的是对人生的感叹,对光华已逝的追思,可以说是词人人生体验的切身之语。

鹧鸪天[1]·春暮

[宋] 赵长卿

蜂蜜酿成花已飞。海棠次第[2]雨胭脂。园林检点[3]春归也,只有萦风柳带垂。

情默默,恨依依[4]。可人天气日长时。东风恰好寻芳去,何事驱驰作别离。

注释

[1] 鹧鸪天:词牌名,又名"思佳客""思越人""醉梅花""半死桐""剪朝霞"等。此调双调五十五字,前段四句,后段五句。

[2] 次第:依次。

[3] 检点:查点。

[4] 依依:依稀的样子,隐约的样子。

作者简介

赵长卿(生卒年不详),自号仙源居士,宋宗室,居南丰(今属江西),生平未详,宋宁宗嘉定末前后在世。从作品中可知他少时孤洁,厌恶王族豪奢的生活,后辞帝京,纵游山水,居于江南,遁世隐居,过着清贫的生活。他同情百姓,友善乡邻,常作词呈乡人。晚年孤寂消沉。《四库提要》云:"长卿恬于仕进,觞咏自娱,随意成吟,多得淡远萧疏之致。"其词仿张先、柳永,颇得其神,故能在艳冶中复具清幽之致。生平作品颇多,为柳派一大词家。著有《惜香乐府》。

译文

蜂蜜已经酿成,花也到了凋落的时节,开放的海棠花像雨打的胭脂般依次落下。去园中查点一番,发现一派春天离开的景象,只剩下徐徐清风吹过垂下的柳带。心中情感萦绕,愁绪在心头隐隐泛起,希望这大好的天气长久下去。春风应该是追寻自己归处去了,不知是什么事驱使春风与这景色分离。

赏析

这首诗首先以蜜蜂飞走、海棠花落为语调起点,奠定了伤感、别离的感情基调。接着，作者描写到园中查看的情景，发现春天将要过去，只剩下缕缕清风与绿柳垂带相互为伴，一种怅然若失的感情涌上心头。该词前四句运用了海棠等意象，以较多的笔墨描写了春天逝去的景象，为后面抒发感情做了铺垫。"情默默，恨依依"一句作者直抒胸臆，将对春天逝去，内心的依依不舍、愤愤不平表达得淋漓尽致。同时，结合作者社会背景可知，自己与心爱之人分别之痛久久难以释怀，这也照应了最后一联的"何事驱驰作别离"。作者表面上在说东风竟然忍心与这美景分离，实则以东风代指"佳人"，表达佳人离开自己的愁绪，其中，有作者对离去佳人的不舍，也夹杂些许幽怨。

整首诗格调清雅却又颇具忧伤之感，一句"海棠次第雨胭脂"以海棠胭脂雨为落笔，以一言胜万语，深刻地表达了作者内心的零落与无奈。

瑞鹤仙[1]·暮春有感

[宋] 赵长卿

海棠花半落。正蕙圃[2]风生，兰亭香扑。青英暝[3]池阁[4]。任翻红飞絮，游丝[5]穿幕。情怀易著。奈宿酲[6]、情绪正恶。叹韶光渐改，年华荏苒，旧欢如昨。

追念凭肩盟誓，枕臂私言，尽成离索。记得忘却。当时事，那时约。怕灯前月下，得见则个[7]，厌厌[8]只待觑著。问新来、为谁萦牵，又还瘦削。

注释

[1] 瑞鹤仙：词牌名，又名"一捻红"。正体双调一百零二字，前后段各十一句。

[2] 蕙圃：蕙草之园。蕙与兰皆为香草，外貌相似。蕙比兰高，叶狭长，一茎可开花数朵；兰则是一茎一花。

[3] 暝：本义是天色昏暗，后来引申为日落、黄昏。

[4] 池阁：池苑楼阁。

[5] 游丝：飘荡的断掉的蜘蛛丝。

[6] 酲（chéng）：形容醉酒后神志不清。

[7] 则个：表示动作进行时的语助词。本身无意义，起加重语气作用，相当于"着""者"。

[8] 厌厌：微弱的样子，精神不振的样子。

译文

海棠花随风飘落，风从花园方向吹来，夹杂着兰花的香味。树木遮挡住楼阁远处的落日。任凭那海棠花瓣在风中翻滚飘落，碰到蜘蛛网。胸中情感迸发。怎奈刚刚睡醒，心情不好。感叹美好的时光渐渐改变，年华推移，旧时的爱人仿佛就在眼前。追忆往昔，我们肩并肩立下誓言、同床窃窃私语的场景均已离散，当时的故事和约定怕已忘却。怕灯前、月光见此番情景，只剩下呆呆地坐着，目光呆滞地看着。问道：近来在为谁牵挂，以至如此消瘦。

赏析

赵长卿为宋朝宗亲,因厌恶王族生活,居于江南,遁世隐居,过着清贫的生活。作者以海棠起兴,开篇描写海棠花落,交代了赏花的时间——暮春时节。接着,作者以"青英暝池阁"描写了黄昏将至,渲染了词首暮春的郁结之情,定下了整首词的情感语调。下一句,作者以一句"奈宿酲、情绪正恶",为情绪的爆发作了极大的铺垫。"叹韶光渐改,年华荏苒,旧欢如昨"为全词情绪的顶点,作者直抒胸臆,感叹良辰美景易逝,佳人如梦。后半阕,作者虚实结合,虚写往昔自己和佳人的亲密时光,实写当前灯前月写的寂寥景象。两种景象的对比,更加激发了孤独伤怀的情绪,同时这样的描写极大地传达出作者黯然神伤、愁绪满怀的心境。

整首词中,作者由景入情,由回忆到现实,传达出愁绪萦绕的情感。其中,海棠是作者词情的触发之物,同时海棠花落暗含了作者半生飘零、清贫生活的清苦之境。

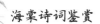

海棠

[宋] 张勉窗

小春[1]破白[2]惟梅耳，检点南枝[3]花尚迟。
自是天工薄寒素[4]，东风先到海棠枝。

注释

[1] 小春：小春一指夏历十月，一指夏历八月。这里指夏历十月，也就是早春时节。宋欧阳修《渔家傲》："十月小春梅蕊绽，红炉画阁新装遍。"明唐寅《顾君满考张西溪索诗饯之》："三年幕下劳王事，十月江南应小春。"

[2] 破白：古代指候选或依资格可以升职的官员第一次得到上级或有关官署的荐举状，这里指开花之意。

[3] 南枝：朝南的树枝，借指梅花。

[4] 寒素：地位清贫低微。

作者简介

张勉窗，生卒年不详，生平事迹亦难以考证。作品佚散严重，无别集。现存作品仅《海棠》《瑞炭》两首，分别收录于《全芳备祖》与《诗渊》中。

译文

早春春寒料峭，在春风中梅花本应该绽放花蕊，但是查点朝南枝头上的梅花还没有开放。这么看来大自然也会轻视角落里地位低微的花，把温暖的春风先吹到了海棠枝头上。

赏析

作者张勉窗虽然生平事迹不可考，现存诗篇也仅仅两首。但是其诗歌透露出他仕途不顺的人生状况，以及忧国忧民的高洁品格。在《瑞炭》一诗中，张勉窗托物言志，发出"想得当时宫殿暖，不知门外有风寒"的感叹，与"朱门酒肉臭，路有冻死骨"有相似的人文观照。

《海棠》同样是一首托物言志之诗。诗歌一开始表面写梅花，描绘了自己早春赏梅的场景，同时表达出自己仔细查点发现梅花尚未开放的情境。那么梅花为什么还没开放呢？作者在后两句为我们揭示了原因。原来是自然不喜欢身份低微、临寒独自开的梅花，而偏爱富贵艳丽的海棠，故意将春风先吹到了海棠的枝头。

"梅花"与"海棠"两个传统意象通常有其特殊的寓意。"梅花"一般象征着清贫孤傲的文人，而海棠一般有富贵之意。作者的寓意表达得十分隐晦。"梅花"喻指作者自己这样身份低微却不愿与权贵为伍的文人，而"海棠"则代指出生高贵的同僚。那么"天工"显然指代的不仅仅是自然，更是暗指朝廷或者皇帝。所谓"东风先到海棠枝"实则表达了朝廷在选拔人才时的偏向。像自己这样品格高洁、出身低微的人难以受到重用，而朝中权贵却能够受到"东风沐泽"。因此，这首诗表达了作者对朝中权贵的不满，以及自己难以受到重用的哀叹之情。

二月有霜海棠颇瘁 [1]

[宋] 姜特立

青春淑[2]景忽飞霜，余烈犹[3]能到海棠。
中山靖王[4]孺子妾[5]，尚书门下主讴[6]娘。

注释

[1] 瘁：枯槁、憔悴。

[2] 淑：美好的。

[3] 犹：通"尤"，甚至。

[4] 中山靖王：西汉刘胜。

[5] 孺子妾：中山靖王的妃嫔之一，美貌艳丽却不能掌握自己的命运，色衰见弃。

[6] 主讴（ōu）娘：讴，唱歌。主讴娘，即为领唱的女子。

作者简介

姜特立（1125—约1203），字邦杰，号南山老人，处州丽水（今浙江）人。靖康之变中其父为国殉难，特立以父荫补承信郎。约南宋淳熙十一年（1184），时任福建兵马副都监，因亲擒海贼姜大獠有功，得到赵汝愚的推荐被召见于朝，献诗百篇，除阁门舍人。宋光宗时得到重用，擢知阁门事。后侍恩纵恣，遭到宰相留正疏论其招权纳贿罪，夺职奉祠，出为浙东马步军副总管。宋宁宗时终官至庆远军节度使，卒。工于诗，意境超旷，与陆游、杨万里、范成大等多有唱和。事迹见《宋史·佞幸传》，著有《梅山集》已佚，传后世有《梅山稿》六卷、《梅山续稿》十八卷、《梅山词》等。

译文

春天美好的景色忽然之间就遭遇降寒打霜，春寒料峭的冷冽程度甚至冻到了院中的海棠，使其颇为枯槁憔悴。中山靖王刘胜的妃嫔孺子妾美貌艳丽，人老色衰即被抛弃不顾；尚书门下领唱的女子，同样也无法逃脱这样的命运。

赏析

此诗创作具体时间不详。姜特立《梅山续稿》共十八卷，大致创作于其六十岁以后，其中诗歌按照时间顺序进行编排，《二月有霜海棠颇瘁》在卷九，根据此诗前后的内容可推断，诗人正处于宋宁宗庆元时期。此时的诗人已是暮年，这位宦海浮沉、风烛残年的老人面对光阴，心中的悲慨和无奈良多。

这首诗标题里的"二月"点明了创作的时间点，诗人敏锐察觉到春暖乍寒，春天的脚步才至片刻，便忽然打霜，自然天气的变幻无常往往让人措手不及。院中的海棠也未能幸免，在霜打之下显得无精打采、枯槁憔悴。这株海棠，犹如诗人自己，在遭遇人生仕途突变的情况下，也是一筹莫展，心灰意冷。诗歌的后两句，以用典的修辞手法，暗喻自身秋扇见捐的悲惨经历，孺子妾本是中山靖王宠爱的妃嫔，随着年老色衰而见弃。尚书门下领唱的女子也因容颜渐衰而不得主人欢心。

诗人以霜打海棠以及孺子妾的人生遭遇，隐喻自己的人生境遇。诗人六十岁时，受宋孝宗青睐而否极泰来，除阁门舍人，充太子宫左右春坊兼皇孙平阳王伴读，出入宫禁，俨然成了皇帝、太子身边的大红人。到淳熙十六年（1189），光宗受禅，此时六十五岁的诗人除知阁门事旋被夺职奉祠，被逐出朝廷。这前后几年间的人生高低起伏落差太大，让诗人对自己的人生遭遇生出悲慨，失意之情无法言说。以孺子妾的美貌艳丽却被中山靖王抛弃为喻，感慨自己的政治理想无法实现。风烛残年，这无常的命运着实让人心生抑郁。

姜特立还有一首诗，《次洪监簿惠诗韵五首》曰"自古诗人失意多"，正是诗人自身命运和心情的真实写照。

过江至萧山县驿东轩[1] 海棠已谢

[宋] 陆游

星星两鬓怯年华,幽馆[2]无人江月斜。
惆怅过江迟[3]一夕,晓风吹尽海棠花。

注释

[1] 东轩:住房向阳的廊檐。

[2] 幽馆:幽静的驿馆。

[3] 迟:一作"留"。见《渭南文集》。

作者简介

陆游(1125—1210),字务观,号放翁,越州山阴(今浙江绍兴)人。南宋诗人。尚书右丞陆佃之孙。陆游生逢北宋灭亡之际,少年时即深受家庭中爱国思想的熏陶。宋高宗时,参加礼部考试,因受宰臣秦桧排斥而仕途不畅。宋孝宗即位后,赐进士出身,历任福州宁德县主簿、敕令所删定官、隆兴通判等职,因坚持抗金,屡遭主和派排斥。乾道年间曾奉诏入蜀。宋光宗继位后,因"嘲咏风月"罢官而归居故里。嘉泰二年(1202),宋宁宗诏陆游入京,主持编修孝宗、光宗《两朝实录》和《三朝史》,官至宝谟阁待制。书成后,陆游长期蛰居山阴,嘉定三年(1210)与世长辞,留绝笔《示儿》。

译文

两鬓已经星星点点的斑白,越来越害怕年华老去。这幽静的驿馆里没有其他人,只有那江上的月亮斜挂在天上。过江迟了一晚,不禁让我心情惆怅,因为来到此地时,清晨的微风早已将海棠花吹落。

赏析

陆游一生笔耕不辍,诗词文章皆有很高成就。其诗语言平易晓畅、章法整饬谨严,兼具李白的雄奇奔放与杜甫的沉郁悲凉,尤以饱含爱国热情对后世影响深远。此诗疑是淳熙十三年(1186)春自临安归山阴途中作于萧山。

本诗以纪实手法,描写了经过萧山县驿时的所见所想。诗中起句一个"怯"

字可谓全诗的诗眼,它表现了对年华逝去的无限忧虑,奠定了整首诗的感情基调。放眼望去,驿馆空无一人,自是孤寂,同时江月斜垂,天色已甚晚。然后更为让人懊恼的是过江迟了一晚,那满树的海棠花已然被春风吹落。繁花落却,正是进一步回应了"怯年华"的诗人情感。可以想象,海棠花落,也未必就因一晚的延迟,而诗人强调这一晚,正是突出表达了时光匆匆的内心感受。

就全文来讲,"怯"字恰如其分地联结了海棠花落的意象与韶光易逝的感叹。王安石"海棠花下怯黄昏"也表达出相似的意味。

海棠

[宋] 陆游

今日春已半，风雨停出游。
瓶中海棠花，数酌相献酬。
尚想锦官城，花时乐事稠。
金鞭过南市，红烛宴西楼。
千林夸盛丽，一枝赏纤柔。
狂吟恨未工，烂醉死即休。
那知茅檐底，白发见花愁。
花亦如病姝，掩抑[1]向客羞。
尤物终动人，要非[2]桃杏俦[3]。
东风万里恨，浩荡不可收。

注释

[1] 掩抑：低沉抑郁。

[2] 要非：犹言总不是。

[3] 俦（chóu）：伴侣。又指同类、同辈。

译文

春天已经过去一半，风雨的天气影响了出游。看着瓶里的海棠花，和朋友相互敬酒不断醉饮。想起当年在成都，海棠花开时有许多快乐的事情。骑着马经过南市，在西楼上点起红烛，宴饮宾朋。海棠花成林地盛开，不禁让人夸赞其繁盛艳丽。而采下一枝独赏又显得十分纤细柔美。纵情吟咏海棠花，总觉得写下的句子不够工整。喝酒求醉至死方休。哪里知道今天在这茅檐下，一头白发的我看到海棠花，反而心生愁绪。瓶中的海棠就像病弱的美女，低沉抑郁得羞于见人。这美丽的尤物终究还是十分动人，总不是桃花、杏花可比的。我那心里的愁思悔恨像东风一般，飘荡万里难以自禁。

赏析

陆游共写过数十首海棠诗词，可见其对海棠花的喜爱。这也与其曾多年在

蜀地做官相关。早在南宋孝宗乾道五年（1169）末，作者由山阴（今浙江绍兴）赴任夔州（今重庆奉节一带）通判，途中每日记录相关见闻，形成了《入蜀记》一书。

陆游在这首诗中描绘了共赏海棠、与客相饮的故事。诗中由今日饮酒之状，回想了过去的蜀地乐景，但今昔对比过后，空余今日之恨。这种首尾呼应、古今对比的写法，深入地描绘了诗人华发已生的愁思。

诗中对于锦官城内生活的情景描绘，可谓炼字之句。"狂吟恨未工，烂醉死即休"将自己当年意气风发、纵情狂饮的景象刻画深入。这种对于往昔的怀念，以及青春不能复在的悔恨，真如诗中结尾所言"浩荡不可收"。

同时诗中对于海棠花的描绘，则集中在"千林夸盛丽，一枝赏纤柔"一句。从这句看，古人赏海棠或概观其繁茂，也可一枝而赏。古代诗歌中常有折海棠以欣赏之句，可见海棠在古代是非常受人喜欢的折枝花卉。

夜宴赏海棠醉书

[宋] 陆游

便便痴腹[1]本来宽，不是天涯强作欢。
燕子归来新社雨，海棠开后却春寒。
醉夸落纸诗千首，歌费缠头[2]锦百端[3]。
深院不闻传夜漏[4]，忽惊蜡泪已堆盘。

注释

[1] 便便痴腹：典出《后汉书·文苑列传·边韶》："韶口辩，曾昼日假卧。弟子私嘲之曰：'边孝先，腹便便。懒读书，但欲眠。'韶潜闻之，应时对曰：'边为姓，孝为字。腹便便，五经笥。但欲眠，思经事。寐与周公通梦，静与孔子同意。师而可嘲，出何典记？'"便便，形容肚皮肥满。后多用以比喻腹中学识丰富。

[2] 缠头：《太平御览》卷八一五引《唐书》："旧俗赏歌舞人，以锦彩置之头上，谓之缠头。"

[3] 百端：多种多样。

[4] 夜漏：夜间的时刻。漏指漏壶，是古代滴水计时的器具。

译文

我学识渊博，本来可以生活闲适，虽未漂泊天涯，但也强颜欢笑。燕子在春社时节归来，雨后海棠花开，春寒已经退去。醉酒后思绪涌上心头，提笔著诗多首，赏歌舞人以锦彩置之头上。饮酒至深夜，居于后院不曾听到漏壶滴水的声音，突然发现蜡烛燃烧过后的蜡油已堆满了托盘。

赏析

此诗淳熙五年（1178）二月作于成都，是陆游居于成都时所作。乾道年间，陆游受川、陕宣抚王炎邀请，至南郑幕府任职。陆游在此期间作《平戎策》，提出收复陇右等北伐计划，后被否决。陆游一生中唯一一次亲临抗金前线、力图实现爱国之志的军事实践失败，陆游感到无比忧伤。后陆游数经贬谪，此诗正作于陆游遭贬谪期间。

在这里，诗人详细描写了其居所的环境。"燕子归""新社雨"交代了当时的季节，"海棠开后却春寒"运用倒装句式，强调海棠花已开，春寒已经退去。这一句让人联想到冬时的寒冷季节过去，温暖时节即将到来。此处，作者将海棠花开作为美好事物的象征，颇有几分对自己时来运转的渴望。但是，眼前的困顿愁绪难以消弭，只能借酒消愁、以诗言志，故言道"醉夸落纸诗千首""歌费缠头锦百端"，初看好似诗人沉浸于娱乐之中，实则是其郁郁寡欢、精神颓废的表现。醉卧笙箫之中，诗人已经忘却了时间的流逝，回过神来，已至深夜，在这里，作者将蜡烛燃烧后的烛水称作"泪水"，借代诗人内心的泪水。该句把诗人怅然若失、有心无力的心境描写得酣畅淋漓。

　　诗中，海棠具有多重意蕴。一是海棠本身是重要的审美意象。海棠开春寒却，海棠花开过后，真正的春天就要来临，这是万物生长的好时节。二是海棠成为美好事物的象征。诗人现在处于郁郁不得志的状态，希望能够收到好消息，施展抱负。

海棠歌

[宋]陆游

我初入蜀鬓未霜,南充樊亭[1]看海棠。
当时已谓目未睹,岂知更有碧鸡坊[2]。
碧鸡海棠天下绝,枝枝似染猩猩血[3]。
蜀姬艳妆肯让人,花前顿觉无颜色。
扁舟东下八千里[4],桃李真成仆奴尔。
若使海棠根可移,扬州芍药应羞死。
风雨春残杜鹃哭,夜夜寒衾梦还蜀。
何从乞得不死方[5],更看千年未为足。

注释

[1] 樊亭:地名,在四川东部、嘉陵江中游西岸。乾道八年(1172)春,陆游赴南郑途经南充樊亭,观赏海棠。

[2] 碧鸡坊:街巷名,在今四川成都。唐代诗妓薛涛曾住此处,其地所种海棠特别富艳。

[3] 猩猩血:鲜红色。

[4] 八千里:极言路程之长,此句应指江南地区。

[5] 不死方:传说中一种长生不老的药方。

译文

我初到四川时,双鬓还未花白,路过樊亭观赏海棠。当时初见樊亭的海棠,就感叹从未见过的美艳,但我哪里想到,这碧鸡坊的海棠却又更胜一筹!碧鸡坊的海棠天下无双,枝头红花点点如血。蜀地的美人妆色艳丽过人,但在这海棠花前也顿觉毫无生气。乘舟东去江南各地,繁茂非常的桃李花枝与其相比均黯然失色。如果这海棠能够移植到扬州,真叫扬州闻名于世的芍药花也羞愧难当。每当在风雨飘摇的暮春深夜听到杜鹃鸟的哀啼,夜夜都在睡梦中神归蜀地。该从哪里得到长生不老的仙方,这海棠花再看千余年也不能满足。

赏析

  本诗作于嘉定元年（1208），此时陆游已八十四岁高龄，辞官居家，此诗为追忆往昔所作。陆游在蜀多年，写的海棠诗最多，也最出色。其曾在诗中说成都海棠以蜀王故宫为盛，其次为碧鸡坊。其诗《花时遍游诸家园》曾言："走马碧鸡坊里去，被人唤作海棠颠。"

  首四句诗人回忆在樊亭看海棠时的情景，以"目未睹"侧面表现此地海棠花开之盛、花姿之绝，为后文引出碧鸡坊海棠作铺垫，言辞紧凑，平直质朴，同时，"鬓未霜"也是伏笔，暗指此时已身老力衰。"碧鸡海棠"二句直言碧鸡坊海棠花开天下无双，红花点点如鲜血一般。将红花比作鲜血，也颇具陆游诗作雄奇奔放的特色。"蜀姬"句通过极力贬低蜀中美人来从侧面凸显海棠花艳丽的姿色。"扁舟"写离开蜀地之后不得再见如此繁盛的海棠，虽然江南等地繁花似锦，但桃李不过为奴，扬州芍药也不过"羞死"，还用夸张的写法极力赞美蜀地海棠。这既是对蜀地海棠花的赞美，也是诗人对往昔峥嵘岁月的追忆。后四句结束追忆，回到现实，写到每每听杜鹃哀啼，自己总是梦游蜀地，而见到的正是蜀地海棠。诗人期望能够长久欣赏，以至于千年都不满足，看似极言对海棠的喜爱，实则暗含了壮志未酬而心衰力竭的悲怆。

  海棠作为代指诗人往昔豪情岁月的重要意象，贯穿全诗。从回忆蜀地开始，诗人盛赞蜀地海棠的繁盛，实则感怀往昔充满豪情的军中岁月是如此壮美；而后视角跟随扁舟东去，一路下江南，任由桃李争妍、芍药盛开，都不如海棠，既叙述归途，也暗指一切繁华皆不如铁马金戈来得痛快；最后时间回到现实，诗人感叹年华已逝，往昔不再，一切未竟之志已然不可能成全，遂用全诗最为悲痛的心情，抒发"何从乞得不死方"的哀叹。至此，诗人结束了对蜀地海棠的盛赞，也完成了对自己一生的回顾。

花时遍游诸家园（其一）

[宋] 陆游

为爱名花抵死[1]狂，只愁风日损红芳[2]。
绿章[3]夜奏通明殿[4]，乞借春阴护海棠。

注释

[1] 抵死：抵死一拼，此极言爱海棠。
[2] 红芳：海棠的艳美容貌。
[3] 绿章：祭祀鬼神的文章或诗词。
[4] 通明殿：道教中最高神仙的居所。

译文

我爱花爱得如痴如醉，为其发狂，只担心狂风摧残它的容貌。祭祀鬼神的文稿连夜奏呈通明殿，只求多一些春日时光以守护海棠。

赏析

《花时遍游诸家园》十首游春绝句，作于淳熙三年（1176）的春天，是作者在百花盛开之时游览成都诸园，为海棠而写的组诗。陆游入蜀任职期间，非常喜爱当地的海棠，他的《剑南诗稿》中专咏或兼及海棠的有四十余首。因他大量写海棠诗，被世人誉为"海棠癫"，此雅号即来源于《花时遍游诸家园（其一）》。

首句诗人即直言对海棠喜爱之盛，以至于如痴如狂。诗人担心春风吹坏花瓣，因狂爱而生愁，则又把诗人对海棠的痴醉体现得更进一步。诗人酷爱海棠，以至于连夜请奏玉皇大帝的通明殿，只求多些春日守护海棠。爱花之心切切，竟妄想求助鬼神，由狂爱而心生怜惜，"海棠癫"的雅号陆游当之无愧。

本诗言辞平直通晓，也正恰如赵翼《瓯北诗话》评其诗作曰"清空一气，明白如话"，但同时整首诗想象丰富，充满浪漫的情调，将诗人爱花的热切之情表现得淋漓尽致。

海棠二首（其一）

[宋] 陆游

蜀地名花擅古今，一枝气可压千林。
讥弹[1]更到无香处，常恨人言太刻深[2]。

注释

[1] 讥弹：抨击。
[2] 刻深：苛责、刻薄。

译文

蜀地的名花海棠驰名古今，一枝独秀胜过千花万林。但却有人抨击其美而无香，对海棠为何如此苛刻，真是不近人情。

赏析

首二句盛赞蜀地的海棠花姿妩媚，力压群芳，诗人直抒胸臆，直言喜爱之情。尾二句则是诗人为海棠鸣不平，认为不应该因为海棠不香而过分苛责。诗人因爱而心生怜护，殷切想要为海棠正名的心情实在有趣。

海棠无香出自惠洪《冷斋夜话》："彭渊材五恨：一恨鲥鱼多骨，二恨金橘太酸，三恨莼菜性冷，四恨海棠无香，五恨曾子固不能诗。"此处陆游针对前人对海棠无香的观点作批驳，实是诗作中"翻案法"的一种。

赏海棠三绝（其一）

[宋] 范成大

芳春随分到贫家[1]，儿女多情惜岁华[2]。
聊为海棠修[3]故事，去年灯烛去年花。

注释

[1] 贫家：穷人家，此处谦称自己的家。
[2] 岁华：年华，泛指草木。因其一年一枯荣，故谓岁华。
[3] 修：写、编写、创例。

作者简介

范成大（1126—1193），字致能，号石湖居士。平江吴县（今江苏苏州）人。南宋名臣、诗人。其诗从江西诗派入手，后学习中晚唐诗，继承了白居易、王建、张籍等诗人新乐府的现实主义精神，终于自成一家；风格平易浅显、清新妩媚。他与杨万里、陆游、尤袤合称南宋"中兴四大家"。绍熙四年（1193）逝世，年六十八。累赠少师、崇国公，谥号"文穆"，后世遂称其为"范文穆"。

译文

春分时节，我家已经布满了春色，孩子们感情丰富，十分珍惜当前的美好景色。权且想写下关于海棠的故事，又想起了去年这时候对着灯烛看海棠花的情景。

赏析

范成大生于北宋灭亡之际，一生仕途较为顺利，晚年退职闲居。其诗题材广泛，以反映农村社会生活内容的作品成就最高。范成大的诗虽一度受江西诗派影响，但他广泛汲取中晚唐诗歌的风格与技巧，后其诗委婉清丽中带有峻拔之气。

此诗描写春分时节，作者与儿女同赏春光的情景，此时应正值海棠花开最盛之际。"贫家"二字在此意为谦辞，流露出范成大谦逊的品格。"儿女多情惜岁华"在言明儿女对春天喜爱之情的同时，也抒发了作者对春光易逝的感怀。面对此情此景，作者提笔想为海棠作词，突然忆及去年今时，自己在烛光下欣赏海棠花的情形。这时,春光乍泄、时光流逝的伤感之情不知不觉间涌上心头。在这里,作者以海棠花作为全诗线索,融情于景,表达了其对过去事物的怀念,对当下家人常伴左右的满足。

蝶恋花
[宋] 张抡

前日海棠犹未破,点点胭脂,染就真珠颗。今日重来花下坐,乱铺宫锦春无那[1]。

剩[2]摘繁枝簪几朵,痛惜深怜,只恐芳菲过。醉倒何妨花底卧,不须红袖来扶我。

注释
[1] 无那:无奈何,奈何,古代读音为那(nuó)。
[2] 剩(shèng):有听任、放任之意。

作者简介
张抡(生卒年不详),字才甫,自号莲社居士,开封(今属河南)人,宋高宗绍兴末前后在世。绍兴间,知阁门事,淳熙五年(1178),为宁武军承宣使。好填词,每应制进一词,宫中即付之丝竹。有《莲社词》一卷。

译文
前日海棠的花苞还没有绽放,一点点如胭脂一般,染成了颗颗珍珠模样。今天再次坐在花下,没想到花瓣已经如乱铺的宫锦落了满地,即使春天也是无可奈何。听任别人摘下几枝繁花,当作花簪。痛惜这海棠花开落,只害怕这芳香随风而过。既然喝醉了何不就倒卧在这海棠花下,根本不需要美人来扶我。

赏析
上阕词人描绘了海棠花的花开花谢,前日之时海棠花还没开放,其含苞待放犹如点点胭脂染就的珍珠,但今日再来,海棠花瓣已经飘落满地。这里通过时间的短暂对比,写出来海棠花的繁花易落。一方面反映出海棠花的花期较短;另一方面又可能存在一定的夸张之意,从而突出海棠花未开已落间的景象差异。

下阕词人只能摘下几枝繁花,将几朵花簪上。面对落花只能心生怜惜,害怕芳菲全落。最后词人喝醉之后卧倒花地,就这样沉醉其间,完全不想别人来扶起自己。

这里海棠花下饮酒的景象，成为文人反复书写的一种场景。从五代欧阳炯"又向海棠花下饮"所表达的意象开始，海棠花下赏花饮酒已经成为惯常的文化行为。同时，这种场景通常又都传达出对海棠落尽的忧虑，借酒消愁的肆意。可以说酒与海棠花合在一起构成了非常能够促发情感的契机，从而被不同的海棠诗词书写。

宋 代

醉落魄[1]·正月二十日张园赏海棠作
[宋] 管鉴

春阴漠漠[2]，海棠花底东风恶[3]。人情不似春情薄。守定花枝，不放花零落。

绿尊[4]细细供春酌，酒醒无奈愁如昨。殷勤待与东风约，莫苦吹花，何似吹愁却[5]？

注释

[1] 醉落魄：南唐李煜词有此调，载《尊前集》。又名"一斛珠""怨春风""章台月"等。双调五十七字。

[2] 漠漠：寂静无声。

[3] 恶：猛烈。

[4] 绿尊：通"绿樽"，即酒杯。

[5] 却：使退却。

作者简介

管鉴（生卒年不详），字明仲，龙泉（今浙江）人。南宋词人。随父宦，徙临川（今江西抚州）。淳熙十三年（1186）任广东提刑，改转运判官，官至权知广州兼广东经略安抚使。有《养拙堂词》一卷。

译文

在这春光里阴天不断，海棠花下春风猛烈地吹着。人却不似春天这般薄情，一片真情像海棠花守住花枝，不愿轻易飘零落下。举起酒杯细细品味，在春天尽情喝酒。但酒醒之后愁绪依旧。只能殷勤地讨好春风，与春风约定，不要再苦苦地吹那海棠花，只把我的愁思吹走可好。

赏析

诗人借海棠描写了自己的愁绪，内容清晰自然而又耐人寻味。与传统以海棠写愁绪的诗词不同，本词虽仍旧写愁情，但却另辟蹊径，视角新颖。

首先，从上阕的写景开始，词人先写了阴雨连绵下，东风猛烈地吹动着海棠花。然而与其他诗词中满地落红不同，词人所见的却是海棠花的有情，因有情而眷恋枝头，不肯落去。所以想来作者所欣赏的海棠花仍处盛花之时，不会被风轻易吹落。此情此景，词人不禁感慨，春风无情人有情，人应该如海棠一般，守住情意，不肯离落。下阕中，词人于海棠花下饮酒，酒醒后因阴天所带来的愁绪依旧难消。面对无情的春风，有情的海棠，词人忽然生出一种别样的想法，只恳求那东风不要再去苦苦地吹扰海棠，而是将自己愁绪吹走。

纵观全词，词人依旧写春愁，但却巧妙地使用了不同以往的海棠意象。传统中因海棠零落而产生的感伤愁绪，在这里变成了海棠不落、有情坚守的形象。无情与有情的对比，深入地传达了词人对海棠的喜爱与赞颂之意。

沁园春 [1]

[宋] 白玉蟾

嫩雨[2]如尘，娇云[3]似织，未肯便晴。见海棠花下，飞来双燕，垂杨深处，啼断孤莺。绿砌[4]苔香，红桥水暖，笑捻吟髭[5]行复行。幽寻懒、就半窗[6]残睡，一枕[7]初醒。

消凝[8]。次第清明。渺南北东西草又青。念镜中勋业[9]，韶光冉冉，尊前今古，银发星星。青鸟[10]无凭，丹霄[11]有约，独倚东风无限情。谁知有，这春山万点，杜宇[12]千声。

注释

[1] 沁园春：词牌名，又名"东仙""寿星明""洞庭春色"等。正体双调一百十四字，前段十三句，后段十二句。

[2] 嫩雨：小雨。

[3] 娇云：彩云。

[4] 绿砌：砌，台阶。李煜有词句"雕栏玉砌应犹在"。绿砌，绿色的台阶。

[5] 吟髭（zī）：诗人的胡须。

[6] 半窗：窗户半掩。

[7] 一枕：一卧。

[8] 消凝：销魂的意思，因伤感而出神。宋柳永《夜半乐》词："对此嘉景，顿觉消凝，惹成愁绪。"

[9] 勋业：功业。

[10] 青鸟：青色的禽鸟。神话传说中为西王母取食传信的神鸟，象征爱情。

[11] 丹霄：通上苍。明汪廷讷《广陵月》第二折："我与你，乍见先已情投，一言便自机合，白首为期，丹霄可鉴。"

[12] 杜宇：杜鹃鸟，象征思乡之情。

作者简介

白玉蟾（1134—1229，一说1194—1229），原姓葛，乳名玉蟾，稍长取名葛长庚。字如晦，又字白叟，号海琼子，琼州（今海南海口）人。世称紫清先生。他曾云游四方，学习道术，吸收佛教禅宗及宋代理学思想入道，创立南宗宗派。其学识渊博，擅长书法和绘画，工于诗词，文词清亮高绝。著有《玉隆集》《上清集》《武夷集》等作品。

译文

小雨如同细微的尘埃飘落，彩云仿佛编织的衣服一样密集，天气迟迟不肯放晴。我看见海棠树的花枝下面，飞来两只燕子；我听见垂杨林的深处，孤单的黄莺啼叫不断。绿色的台阶上散发着苔藓的清香，红色的桥下河水已经变暖，我笑捻着胡须一直行走。探寻幽境之后感到困顿，便回到住处半掩着窗户半梦半醒地睡着，刚刚睡一觉醒来。

醒后因为伤感而出神。天气渐渐明朗起来。远眺东西南北各处，发现草色又变成了青色。想到所谓的赫赫功业不过是镜花水月，时光却渐渐逝去，酒宴中往昔与现时交错，头发却已经是星星点点的斑白了。爱情至今是没有期望了，只能跟上天约定身后的事情，想到这里我独自在春风中思绪万千，无法抑制。谁能体悟，这春日万里江山，与杜鹃此起彼伏的叫声。

赏析

白玉蟾作为北宋与南宋之交的词人，虽然遁入道教，开宗立派，但从这首词中可以看出，家国之愁和世俗之愁依然困扰着他。

世俗之愁主要是爱情的愁绪。词人通过对比海棠树下双宿双飞的燕子和垂杨林中形单影只的黄鹂，凸显出一种孤独的感受。词人自己也感叹"青鸟无凭"，既然遁入道教，自然也就无意去顾及爱情了。家国之愁体现于"杜宇千声"之中。作者极目远眺，不知家乡在何处，只能在杜鹃声中独自哀叹。

在家国和世俗的愁绪之外，作者还表达出更加独特、深刻的愁绪。那就是感受到人生之虚无。千古功业只是镜花水月，虚无缥缈。人生一世，为功业而奔波，为爱情而忧愁，转瞬间已经白发苍苍。在时光的流逝之中，人生的意义遁入虚无。有人说："人只知三闾之哀怨，而不知漆园之哀怨有甚于三闾也。"道家需要在清虚静默中独自品尝虚无的滋味，这样的孤独有甚于世俗之愁和家国之愁。而这首词就体现出了作者独自品尝孤独、独自面对人生虚无时的独特愁思。

值得注意的是，这首词使用了大量的意象，这些意象都有着十分重要的寓意。其中海棠象征着苦恋与离愁，青鸟象征着爱情，杜鹃象征着去国怀乡的忧愁。这些意象的运用为词作带来了朦胧的美感，也使得作者的情感表达更加含蓄。

忆秦娥

[宋] 王炎

　　胭脂点。海棠落尽青春晚。青春晚。少年游乐,而今慵懒。
　　春光不可无人管。花边酌酒随深浅。随深浅。牡丹红透,荼蘼[1]香远。

注释

[1]荼蘼:属蔷薇科,落叶或半常绿蔓生小灌木,攀缘茎,茎绿色,茎上有钩状的刺,羽状复叶,小叶椭圆形,上面有多数侧脉,致成皱纹。花大多是白色,单瓣,有香味,结果实。荼蘼花在春季末夏季初开花,因此常认为荼蘼花开是一年花季的终结,所以有完结的意思。《红楼梦》有诗云"开到荼蘼花事了"。

作者简介

王炎(1138—1218),字晦叔,一字晦仲,号双溪,婺源(今江西)人。乾道五年(1169)进士,调崇阳主簿,先后知饶州、湖州,积官至军器监,中奉大人,不畏豪强。生平与朱熹交好,多有往返唱和之作。晚年筑亭自兴,自比白居易。一生著述甚富,总题为《双溪类稿》,均佚。如今仅存诗文二十七卷,曰《双溪集》。有明嘉靖十二年王懋元刻本、万历二十四年王孟达刻本、《四库全书》本。所作诗文博雅精深,引经据典,根基深厚。

译文

海棠花,色如点点滴滴的胭脂红。等海棠花落了,春天也就过去了。我年少时爱郊游赏乐,如今却懒于出游了。但春天的好风光不能没人欣赏,在海棠花丛附近随意地饮酒。虽说随意喝酒,但这个时节暮春开花的牡丹已经过了艳红的花期,夏初开花的荼蘼花的香气也渐远了。只有海棠陪伴着我。

赏析

作者在人生的中晚年,有"自缘老去少欢惊"之语,频频写出伤春悲秋之作。常引落花残柳入诗,感慨青春不再,物是人非。这首词写于甲戌年,暮春时节,作者发出年事已高的人生感慨。

纵观王炎的一生，为官生涯几经波折，这和他自身刚正不阿的品格有关。因为不畏强权，秉公执法，有"为天子臣，正天子法"之语，他的任职调动频繁，可以说是大起大落，由盛转衰，最终"以谤罢，再奉祠"。现在的处境和年轻时候形成了鲜明的对比，因此面对眼前的春色如旧，但王炎已经没有兴致赏春了，只有伴着残春余色自斟自饮。海棠的花期特殊，使其在这首诗里承担了重要的人生意象。海棠在这里是象征作者的青春年华的意象，海棠落了，代表着作者的青春年华也消逝了，如同牡丹过了花期，也似荼蘼开尽。海棠无意争春的特点，也象征了他刚正不阿的品格。

海棠绝句

[宋] 陈傅良

淡月看花似雾中，遽[1]呼灯烛倚花丛。
夜来月色明如昼，却向庭芜[2]数落红[3]。

注释

[1] 遽：立即、迅速。
[2] 庭芜：庭园中丛生的草。
[3] 落红：落花。

作者简介

陈傅良（1137—1203），字君举，号止斋，温州瑞安（今浙江）人。世代务农，青年时曾以教书为业，后于乾道八年（1172）中进士，历任太学录、福州通判、知桂阳军、浙西提点刑狱，官至中书舍人兼集英殿修撰、宝谟阁待制。陈傅良是一位经学家，他继承其师薛季宣的事功之学，同开永嘉学派的先河，与朱熹道学、陆九渊心学并立。他主张为学要"经世致用"，反对空谈性理。兼善诗文，文章著有《周礼说》《历代兵制》《永嘉八面锋》《止斋文集》等，诗歌亦长于议论，有理学气，笔力苍健。

译文

淡淡的月光下，我在庭院中观看海棠花，朦胧似在雾中，立即拿来油灯依偎着树干观赏海棠花。夜深了，月色明亮如白昼，却看到庭院杂草中的数点飘零的花瓣。

赏析

陈傅良是南宋永嘉学派承上启下的重要人物，与薛季宣、叶适同称为"永嘉三杰"。他同时也是一位诗人，创作诗歌近五百首，与他同时期的理学大家朱熹曾给予其很高的评价："今陈君举郎中，精致赅洽，词笔高妙，皆熹所不能望其万一"；当代钱钟书在《谈艺录》中评述南宋思想家诗歌时也说："朱子在理学家中，自以为能诗……然较之同辈，亦尚逊陈止斋之苍健，叶水心之猷雅。"可见陈傅良的诗歌亦是卓有成就的,只是被他的理学家身份、文章影响所掩盖,所以论者甚少。

这首诗表达了诗人对海棠花的爱惜之情。初月朦胧,举烛赏花;夜深月明,细数落红。从"淡月"到"月色明如昼",可见诗人在海棠花侧已经欣赏了好一段时间,细细观赏着月夜下海棠花的美。诗人对海棠花的喜爱从"遽"字上体现得十分真切,表现了诗人在朦胧月色中想要认真观赏海棠花的急切心情。渐渐夜深,月色更明,庭院中海棠花更显娇媚,也让诗人偶然间瞥见了落在杂草中的花瓣,心中顿生怜惜之情。整首诗笔触婉曲细腻,写出了诗人一片爱花、恋花、惜花的情结。

"落红"意象,映衬了诗人复杂的内心世界,它暗含了诗人对生命易逝、年华老去的感伤,有惜春惜时之意,表达了一种人生况味。但是在诗人的笔下,这样的怜惜之情读来也并无太过伤感,这或许与诗人的诗歌理念有关,受其理学功底的影响。在诗歌风格方面,陈傅良诗法平淡,提倡中正平和之诗风,因此其诗洋溢着中和之美,哀而不伤,自然平淡,多了一份自适之意,笔墨简隽清淡,深蕴理致,契合了诗人的理学思想和美学趣味,暗含了诗人的人格旨趣。

临江仙 [1]

[宋] 辛弃疾

　　金谷[2]无烟[3]宫树绿,嫩寒[4]生怕春风。博山[5]微透暖薰笼[6]。小楼春色里,幽梦雨声中。

　　别浦[7]鲤鱼[8]何日到,锦书封恨重重。海棠花下去年逢。也应随分[9]瘦,忍泪觅残红。

注释

　　[1]临江仙:词牌名,原为唐代教坊曲名。格律俱为平韵格。又名"谢新恩""雁后归""画屏春""庭院深深""采莲回""想娉婷""瑞鹤仙令""鸳鸯梦""玉连环"。双调小令,字数有多种。常见者全词分两片,上下阕各五句三平韵。

　　[2]金谷:金谷园,晋代石崇所建,在洛阳城西,此处借指自己所居庭园。

　　[3]无烟:寒食节禁烟火,故无烟。

　　[4]嫩寒:轻寒。

　　[5]博山:博山炉,香炉的一种。

　　[6]薰笼:熏香衣物的笼子。

　　[7]别浦:河流入江海之处称浦,或称别浦。

　　[8]鲤鱼:信。蔡邕《饮马长城窟行》:"客从远方来,遗我双鲤鱼。呼童烹鲤鱼,中有尺素书。"

　　[9]随分:照例、相应。

作者简介

　　辛弃疾(1140—1207),字幼安,号稼轩居士,历城(今山东济南)人。南宋著名词人。青年时参与耿京起义,擒杀叛徒张安国,回归南宋。先后在江西、湖南、福建等地为守臣,创制飞虎军,以稳定湖湘地区。由于他与当政的主和派政见不合,故而屡遭劾奏,数次起落,最终退隐山居。开禧三年(1207),辛弃疾抱憾病逝。宋恭帝时获赠少师,谥号"忠敏"。辛弃疾一生以恢复中原为志,以功业自诩,却命运多舛、壮志难酬。其词艺术风格多样,以豪放为主,有"词中之龙"之称。风格沉雄豪迈又不乏细腻柔媚之处,与苏轼合称"苏辛",与李清照并称"济南二安"。现存词六百多首,有词集《稼轩长短句》等传世。

译文

　　寒食节的庭院里不曾有炊烟，园树已经变绿。春寒未消，生怕刮起春风。用香炉薰笼驱寒。整个小楼都沐浴在这春光里，渐渐在雨声中沉入梦想。在我们分别的渡口，远方的书信何时才能到来，一封封信里封着的都是满满的离别之情。不由得想起去年在海棠花下我们相逢之时。你现在也应该因相思而变瘦，正忍着泪水寻觅那残落的海棠花。

赏析

　　辛弃疾是南宋著名的豪放派词人，词风沉雄豪迈。就语言表达而言，不同于其他海棠诗词通常所表达出的婉约倾向，本词呈现出一种沉郁顿挫的风格。

　　从全词来看，词人用典故营造了很强的历史感，像金谷园虽指自己的庭院，但本身却是晋代石崇所建的有名园林，在当时早已是烟消云散之物。另外像博山炉、别浦鲤鱼都有着深厚的历史意味。所以词人不近写眼前之景，更有着时间的距离感。这种距离感同样也表现在情感的表达上。全词虽然也如惯常的海棠诗词表达一种思念与愁绪，但却极为克制，没有非常直接的情感描述，这种深沉的情感更多的是借用外物显现出来的。从"金谷""宫树""春风"，到"博山炉""薰笼"，到"小楼""雨声"，都是对环境的细致刻画，但都没有直接的情感寄托。下阕虽然情感表达渐多，但依然极为内敛，从盼望锦书，到回忆去年，再到忍泪寻觅落花，都是隐忍冷静的，不同于一般婉约派所常表达的哀怨之意。

祝英台近 [1]

[宋] 辛弃疾

绿杨堤，青草渡。花片水流去。百舌[2]声中，唤起海棠睡[3]。断肠几点愁红[4]，啼痕犹在，多应怨、夜来风雨。

别情苦。马蹄踏遍长亭，归期又成误。帘卷青楼[5]，回首在何处。画梁燕子双双，能言能语，不解说、相思一句。

注释

[1]祝英台近：词牌名，又名"宝钗分""月底修箫谱""寒食词""燕莺语"等，双调七十七字，前段八句，后段八句。

[2]百舌：鸟名，即乌鸫（dōng），因其鸣声反复如百舌之鸟，故名。立春后鸣，夏至则无声。

[3]海棠睡：为"睡海棠"的倒文，言其夜睡晨开。

[4]愁红：残花。

[5]青楼：女子居所。

译文

站在绿草青青的堤岸边，望着落花流水，一年春天又即将过去。树上的乌鸫不停啼叫，似要唤醒睡海棠。夜来风雨，海棠凋谢，落花满地，如啼血泣泪之痕，让人断肠。

离别后，思归之情甚为苦涩。多次奔走，马蹄早已踏遍路边长亭，这一次约定的归期又错过了。回望你的居所，相距甚远，难以望见。梁上莺燕成双，啼声婉转，却不能诉说我的相思之苦。

赏析

辛弃疾一生以抗金复国为志，以功业自诩，可谓是命运多舛，壮志难酬。他将恢复中原的爱国信念、对国家兴亡的忧虑和满腔激情都寄寓在文学创作中，形成沉雄豪迈的艺术风格，成为"豪放派"词作的代表，与苏轼齐名。但是与苏轼的旷达疏朗式"豪放"不同，辛弃疾更多的是雄阔激昂、慷慨悲歌之感。同时，辛弃疾也擅长婉约风格，在词的内容题材、艺术风格方面，尽显细腻柔媚，创作了诸多为人称道的婉约诗词作品。

　　此词创作时间不详。词的上阕写流水落花春去,游人站在堤岸渡口伤春,以"断肠""愁红""啼痕""应怨"来表达春怨情怀。下阕写思归怀人,归期又误,不见青楼,怨及双燕。此篇与辛弃疾的《祝英台近·晚春》可视为姊妹篇,《祝英台近·晚春》讲述了闺中女子对在外游子的思念,本词则表达了游子思归。两词都表达了两地相思之情。

观海棠有成 [1]

[宋] 宋光宗

东风用意施颜色,艳丽偏宜著雨[2]时。
朝咏暮吟看不足,羡他逸蝶宿深枝。

注释

[1] 有成:有感。
[2] 著雨:带着雨珠。

作者简介

宋光宗(1147—1200),即赵惇,宋孝宗第三子。在位前后仅五年,被尊为光宗。著有《御制集》,已佚。

译文

春风吹拂,给海棠花染上浓艳色泽,如丝的春雨滋润着,海棠花更显娇艳明丽。我白天咏叹、夜晚吟唱着海棠花的美丽始终觉得不够,羡慕自由的蝴蝶能在海棠花枝头栖宿。

赏析

此诗写于宋光宗为太子时。光宗一生闲适,流连光景,同时也因惧内而出名。皇后李凤娘骄横强悍,生性爱嫉妒,对光宗的一生产生了重大影响。

此诗的第一句写到海棠的娇艳为春风春雨所施,大自然的手笔让海棠妩媚动人、绰约多姿,最美时刻还数雨后海棠,花瓣上的露珠使得海棠花更显得娇嫩可人。后两句诗描写诗人对海棠看不够、吟不足,甚至对在海棠花旁边翩飞的蝴蝶都起了羡慕嫉妒之心,更可见诗人对海棠花的喜爱至极、钟爱有加。诗歌整体风格清丽隽永,意蕴深婉,笔调不俗,颇有一番韵味。

海棠

[宋] 任希夷

海棠花上问春归，岂料春风雪满枝。
应为红妆太妖艳，故施微粉着胭脂。

作者简介

任希夷（1156—1234），字伯起，号斯庵，祖籍眉州（今四川眉山）人，后徙居邵武（今福建）。南宋诗人。任伯雨曾孙。少刻苦读书，为文精苦，弱冠登淳熙三年（1176）进士第，调建宁府浦城主簿。从朱熹学，笃信力行，朱熹誉之"伯开济士，非常流也"。累迁礼部尚书兼给事中，首请为周敦颐、程颢、程颐赐谥。后进端明殿学士。卒赠少师，谥"宣献"。著有《经解》十卷、《斯庵集》，已佚。所作诗文分别收入《宋诗纪事》《宋诗纪事补遗》《后村千家诗》《永乐大典》等书。《宋史》《南宋书》有传。

译文

看着盛开的海棠花，问着春天何时结束，不料一阵春风吹过，海棠花瓣纷纷落下，如雪花般飘满海棠枝头。应是春风觉得海棠花开得太娇媚浓艳，所以略施淡粉在花瓣上，如美人胭脂般淡淡晕开。

赏析

任希夷生活于南宋中期，立志于学。自幼跟随朱熹学习"二程"（程颢、程颐）学说，深得理学精要，受到朱熹的器重。他曾为朱熹、周敦颐、程颢、程颐、张载等人乞定"文、元、纯、正、明"等谥号，为理学先贤正名。

任希夷深爱海棠，写下多篇有关海棠的诗歌，留下了脍炙人口的诗句。海棠花在尚未开放时花骨朵儿呈深红色，开放后则呈淡红色，此首诗正是展现了海棠花的韵致变化，描绘了一幅暮春时节海棠花落图。首联"问春归"表明了此时正值晚春，春风过境，海棠花谢，一个"雪"字用得非常妙，花瓣飘落的场景与雪花纷飞极为神似，既从侧面表明了海棠花的颜色较为淡雅，又描绘了一番花朵纷纷飘零的烂漫场景，构思奇巧，与"忽如一夜春风来，千树万树梨花开"的比喻修辞手法有异曲同工之妙。同时，前两句也给全诗蒙上了淡淡的春愁思绪，春光短暂，美好事物瞬间消逝，不禁让人感慨。后两句用了拟人手法，将海棠花瓣的颜色拟人化成古代女子的妆容，借春风之"手"，将娇媚浓艳的红色妆容变为淡雅清丽的粉色妆容，如胭脂般微微晕开，藏红粉于浓丽，同时也表达了诗人对清雅的审美追求。全诗通过对暮春时节海棠花谢、花色淡雅的细致描绘，借以感叹美好春光的流逝。

垂丝海棠 [1]

[宋] 任希夷

> 宛转[2]风前不自持,妖娆微傅[3]淡胭脂。
> 花如剪彩层层见,枝似轻丝袅袅[4]垂。

注释

[1] 垂丝海棠:海棠的一种,树生柔枝长蒂花色浅红,其瓣丛密,由山樱桃嫁接而成,故花梗细长似樱桃。

[2] 宛转:摇曳回旋盘曲的样子。

[3] 傅:涂抹、搽。

[4] 袅袅:摇荡不定的样子。

译文

垂丝海棠在风中摇曳,形态翩翩,妖娆艳丽的花瓣上微微附着淡淡的脂粉色,更显娇媚。海棠花就像剪彩绸花一样层层叠叠、参差隐现,枝条如轻丝般垂下摇曳。

赏析

任希夷此诗以海棠的一个品种——垂丝海棠为描写对象,写出了立于春风中的海棠花纤柔娇媚的神韵。

诗的开篇即以拟人的手法描绘了如美人般多姿摇曳的垂丝海棠,在春风中花枝柔弱细长,娇柔百媚。它的花色鲜红,软柔如绢,娇羞艳丽,缠绵成片,尽显多情,于粉红中泛出淡白,又于淡白中泛出一抹嫣红。诗的下篇写出了海棠花的颜色层次感,如晕染一般,层层叠叠,枝枝下垂,风姿绰约,娇媚妖娆。让人有见诗如见花之感,将海棠的色与态描绘得栩栩如生,通过拟人等手法细腻生动地呈现了出来,如真在目。

宫词

[宋] 杨皇后

海棠花里奏琵琶,沉碧池边醉九霞[1]。
禁御[2]融融春日静,五云[3]深护帝王家。

注释

[1] 九霞:九天的云霞。
[2] 禁御:禁宫之内。
[3] 五云:青、白、赤、黑、黄五种云色。五色瑞云多作吉祥的征兆。

作者简介

杨皇后(1162—1232),原名杨桂枝,会稽(今浙江绍兴)人,南宋宋宁宗赵扩的第二任皇后。少以姿容入宫,侍吴太皇太后,后吴太皇太后将杨桂枝赐给宋宁宗。庆元三年(1197)杨桂枝被封为婕妤,六年(1200)进贵妃,嘉泰二年(1202)册立为皇后。嘉定十七年(1224)宁宗崩,杨桂枝与史弥远联手,矫诏废竑为济王,立理宗赵昀,杨被尊为皇太后垂帘听政,至宝庆元年(1225)撤帘。死后谥号恭圣仁烈太后。杨皇后颇涉书史,知古今。

译文

在海棠花下弹起了琵琶,看那沉碧池里倒映着九天的云霞,仿佛这云霞已经沉醉于其中。整个禁宫里和乐安详,春天的日子也格外静谧。那五色的祥云深深地守护着这帝王之家。

赏析

这首诗为杨皇后之作,宋代作为海棠诗词的繁盛期,有代表性的一点就是皇家的作品创作,以宋真宗、宋太宗为代表的宋代皇帝都有吟咏海棠的作品,而杨皇后则兼具了皇家和女性的双重创作视角。

起首句描绘了在海棠花下弹奏琵琶的情景,其后都是一些充满祥和寓意的景色描写。像水池映满云霞,宫中春意融融,以及最后五色祥云的出现,共同描绘了皇宫深处的春天景色。从这个作品中,我们可以看到杨皇后对皇权统治的歌颂。但就当时的历史情境来说,南宋正处于内忧外患、濒临灭亡的前夕,再渲染这些和平气氛,只能起到粉饰太平、麻痹斗志的作用。同时,海棠花出现在这首作品中,完全展现出它在宋代作为宫廷内院重要欣赏花卉树木的地位,尤其是当时被称为"百花之尊""花之贵妃",甚至"花中神仙"等称谓的原因。

金陵杂兴二百首（其八）

[宋] 苏泂

蒌蒿[1]登盘朝饭美，河鲀[2]入市晚羹香。
应无白傅[3]思春草，却有东坡[4]赋《海棠》。

注释

[1] 蒌蒿：多年生草本植物。生水中，嫩芽叶可食。在初春时节生长。

[2] 河鲀：通"河豚"。

[3] 白傅：白居易，曾为太子少傅，故称"白傅"。少年时曾作诗《赋得古原草送别》："离离原上草，一岁一枯荣。野火烧不尽，春风吹又生。远芳侵古道，晴翠接荒城。又送王孙去，萋萋满别情。"

[4] 东坡：苏轼，著有《海棠》诗："东风袅袅泛崇光，香雾空蒙月转廊。只恐夜深花睡去，故烧高烛照红妆。"

作者简介

苏泂（1170—？），字召叟，山阴（今浙江绍兴）人。北宋中期杰出的政治家、自然科学家苏颂之四世孙，少时跟随祖父宦游成都，曾短期任过朝官，在荆湖、金陵等地作幕宾。曾师从陆游学诗，其思想与诗歌创作受陆游影响颇深。与当时的名士辛弃疾、赵师秀、姜夔等多有唱和。作有《金陵杂兴》二百首，著有《泠然斋集》《泠然斋诗余》，已佚。

译文

初春时节，早晨吃上一盘蒌蒿，十分爽口美味，晚饭时尝一尝刚上市的河豚，口感腴美鲜香。这个季节，应没有像白居易那样在漫漫草原上的离别之愁绪，但应有像苏东坡那样月夜赏海棠的闲适之情。

赏析

苏泂是南宋末期一位创作颇丰的诗人，著有《泠然斋集》二十卷，存诗八百五十余首。他的诗内容丰富，展现了他四处游历、交友、读书、闲居等生活经历。他中年时期在金陵（今江苏南京）做过幕僚，金陵的人杰地灵对他的文学

创作产生了重要影响，造就了他温柔婉丽、平和秀气的诗歌风格。他创作了《金陵杂兴二百首》，记录他在金陵的闲居生活，《四库全书总目》赞其"尤为出奇无穷"。

  此诗是《金陵杂兴二百首》之八。前两句刻画了一派初春的景象。"蒌蒿"在春天青黄不接时生长，"河豚"一般在三至五月产卵，这两者都是初春的时令食物，在古诗词中经常作为春季的意象之物而出现。这两个意象的集中出现以苏轼的《惠崇春江晚景》为代表："竹外桃花三两枝，春江水暖鸭先知。蒌蒿满地芦芽短，正是河豚欲上时"，描绘了一幅春天将至的优美画境。苏洞在这首诗中也是化用了这两个春季的意象之物，以腴美河豚配上青翠蒌蒿，真是鲜香配之清爽，使得全诗洋溢着一股浓厚而清新的生活气息。后两句引经据典，将白居易、苏轼的诗歌情绪巧妙地化用在此首诗中。白居易的《赋得古原草送别》表达的是一种送别友人的春愁，苏轼的《海棠》则表达的是一种对春季美景的惋惜之情，苏洞认为如此自由自在的闲居生活，可少些春愁，而多些闲适，可少点伤春，而多点对盎然春天的欣赏与拥抱。

  诗人在此首诗中描绘的自在闲居生活，表现了他淡泊超脱的情怀，以冲和、平淡、质朴的诗歌风格，经过不着痕迹地巧妙雕琢，将春季的气息表现得更为平淡自然与清丽雅致。诗人这种轻松自然的笔调，也映衬了他不慕名利、追求淡泊的人生态度，意境悠长。

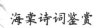

山隐[1] 竣事[2] 海棠正花二首（其一）

[宋] 钱时

天机云锦[3]拂檐牙[4]，多少工夫[5]到此花。
恰莫匆匆等闲看，无边春色是吾家。

注释

[1] 山隐：隐居。

[2] 竣事：事毕、完工。

[3] 天机云锦：天上织出的锦绣，也用于比喻诗文文辞华美，浑然天成。

[4] 檐牙：檐际翘出如牙的部分。唐杜牧《阿房宫赋》："廊腰缦回，檐牙高啄。"

[5] 工夫：花费的精力。同时理学家称积功累行、涵蓄存养心性为工夫。《朱子语类》卷六九："谨信存诚是里面工夫，无迹。"

作者简介

钱时（1175—1244），字子是，号融堂，严州淳安（今浙江）人。幼时奇伟不群，成年后为人孤傲，一生未参加科举考试，专心研究理学。时任江东提刑的袁甫器重钱时才学，特设象山书院，招请钱时为主讲席。理宗嘉熙元年（1237）特诏，赐进士第。二年（1238）被推荐为秘阁校勘，后欲辞官，授江东帅属归里。在蜀阜创办"融堂书院"，人称融堂先生。著有《周易释传》《学诗管见》《融堂书解》《四书管见》《两汉笔记》等。

译文

盛开的海棠仿佛天上织出的秀丽云锦，轻拂过屋檐边飞起的檐牙。能够盛开得如此美妙，可见有多少精力花在这些海棠花身上。所以在赏花的时候千万不要匆匆一瞥，将它当作寻常的花看待。正是因为这样的海棠，我家才拥有着无边无际的春色。

赏析

钱时本人性格孤傲，"不肖世俗儒生之见，绝意科举"，毕生致力于理学思想的研究。曾受宋理宗赏识，特赐进士出身，担任秘阁校勘一职，又召为史馆检阅，修国史宏编。但钱时以国史宏编未毕为由辞官归隐，回乡开设讲坛。由此可见钱时风节之清高与理想之宏大。

　　整首诗记叙了诗人筑屋隐居之后看见屋旁海棠盛开的感受。诗人主要采取托物言志的方式来表达隐居生活中的理想抱负。诗歌前半部分主要描绘海棠盛开的美妙景象。诗人运用比喻和拟人的手法，将海棠花比作绚丽的云锦，同时用"拂"这一个字展现出海棠的美好形象。诗人在这些海棠的种植上花费了大量的精力，而这些海棠花也如同通晓人意一般，将诗人的屋子装饰得明丽而美好。诗歌后半部分笔锋一转，转向说理与抒情。"恰莫匆匆等闲看"以诚恳的语气劝说人们重视海棠花。美丽的海棠，其实就是作者高洁品格的化身。作者致力于"格物致理""修身成德"，花费许多时间和精力才获得高深的知识和完善的人格。而正是丰富的知识和完善的人格，让自己隐居的地方成为具有"无边春色"之处，成为充满德行之所。这样的阐发，与"斯是陋室，惟吾德馨"有异曲同工之妙。

　　这首诗充分展现出作者在隐居生活中怡然自乐的精神状态以及修身成德的理想抱负。通过描写"海棠"阐发自己思想的写作方式，一定程度上也展现出理学诗歌通过"格物"洞明事理的创作模式。

悯海棠

[宋] 钱时

海棠前日满枝红,一夜飘飘卷地空。
多少荣华[1]驹过隙[2],莫教容易[3]负东风。

注释

[1] 荣华:开花,引申为人之显贵。

[2] 驹过隙:又称"白驹过隙",用来比喻时光飞逝。《庄子·知北游》:"人生天地之间,若白驹之过郤,忽然而已。"

[3] 容易:轻易、随便。

译文

前几天,海棠盛开挂满枝头,一片红色的花朵十分明艳。一夜从地面席卷而来的强风吹过,海棠枝头便一片空空了。多少茂盛的花如同白驹过隙一样很快消失,所以不要轻易地辜负春风啊。

赏析

这首诗是一首典型的哲理诗。诗人作为一位著名的理学学者,致力于"格物致知",在他的很多诗歌中,都可以看到通过"格物"阐述"义理"的创作方式。这首诗也不例外。通过对海棠花盛开和凋谢过程的观察,诗人体会到了盛极必衰的历史规律,并且表达出了要珍惜时光的哲理。

诗人首先运用了对比的手法。对比可以分为两组。首先是"满枝红"与"卷地空"的对比,凸显出海棠花的昔盛今衰之境,表达出对于海棠的怜悯之情。其次是海棠与强风的对比,虽然海棠盛开时极为繁盛,但在强风面前,它依然是弱小的,是脆弱不堪的。通过这样的两组对比,诗人自然而然地引申出自己想要表达的哲理——"荣华"易逝。"荣华"易逝一是指花朵的盛开期极短,二是指人生的富贵荣华过眼即逝。参透这样的道理之后,诗人既痛心,又语重心长地劝导人们要珍惜时光,不要轻易虚度光阴。整首诗所要表达的意思其实与"有花堪折直须折,莫待无花空折枝"所表达的意思十分契合。

自古以来,很多文人对于盛衰无常的历史规律都抒发了自己的哀叹。王羲之说："向之所欣，俯仰之间，已为陈迹。"曹雪芹说："盛筵必散。"钱时通过一件简单的自然事件，敏锐地领悟到了盛极必衰、盛衰无常的道理。可见诗人异于常人的洞察力。相比于哀叹，钱时更希望人们以积极的态度面对盛衰转换，活在当下，珍惜时光。

满江红 [1]

[宋] 洪咨夔

送雨迎晴,花事过、一庭芳草。帘影动、归来双燕,似悲还笑。笑我不知人意变,悲人空为韶华老。满天涯、都是别离愁,无人扫。

海棠晚,荼蘼早。飞絮急,青梅小。把风流[2]酝藉,向谁倾倒。秋水盈盈魂梦远,春云漠漠[3]音期悄。最关情[4]、鹁鸪[5]一声催,窗纱晓。

注释

[1] 满江红:词牌名,又名"上江虹""满江红慢""念良游""烟波玉""伤春曲""怅怅词"。有双调八十九、九十三、九十七字等体。

[2] 风流:风情、情意。

[3] 漠漠:形容云雾密布的样子。

[4] 关情:牵动情怀。

[5] 鹁鸪(bēi jiá):鸟名。形似鸠,身黑尾长有冠。春分始见,凌晨先鸡而鸣。其声"加格加格",农家以为下田之候,俗称催明鸟。

作者简介

洪咨夔(1176—1236),字舜俞,号平斋,於潜(今浙江杭州)人,南宋文学家、学者。嘉泰进士,累官至刑部尚书、翰林学士、知制诰,加端明殿学士。卒谥忠文。其为人正直敢言,其词多慷慨舒畅,间有柔婉别致之作,著有《春秋说》《平斋文集》《平斋词》。

译文

送走了雨天,迎来晴天,时间一天天过去,花季也过去了,只留下满院的青草。珠帘晃动,望过去,原来是双燕归来,似乎在嘲笑我,又好像是在为我悲叹。嘲笑我不知道人的情意已经变了,悲叹我独守空房眼睁睁看着年华老去。整个世界都弥漫着离愁别绪,没有人能够消除它。海棠花已经凋谢殆尽,荼蘼已经开了。飞絮漫天,青梅也开始结出小小的果实。我这满腔的情意,又能向谁诉说呢！满眼的情意，思念的梦魂，在这春日的愁云中却等不到远方的消息。正是牵动情怀的时候，鹁鸪一声啼叫，窗外已是破晓。

赏析

洪咨夔是南宋时期名臣和文学家。他在南宋时官至刑部尚书，抗直敢言，以勇于揭露弊政而著名，也因此遭到贬官。他博学善文，尤专经学、诗词。他的诗词内容大多为抨击黑暗腐朽的政治现象、展现农民的生活疾苦等，风格多冷峻犀利、慷慨放逸。他同时受到江西诗派的较深影响，创作时重视文字的推敲技巧，讲究炼字、造句、谋篇等方面的艺术特点。

这是一首思人词，是洪咨夔词作中少有的婉约词作。词人寄情于景，情景交融，描写了一个盼望远人归来、担心远人变心、哀叹青春已逝的思妇形象。

词人借助景色，抒发了思妇的"满天涯、都是别离愁"。"一庭芳草""飞絮"都是借繁多绵密的景物来表现离愁，贺铸《青玉案》云"试问闲愁都几许？一川烟草，满城风絮，梅子黄时雨"，就是借"草""絮"来表现连绵不断的愁绪。"归来双燕"则是以乐景衬哀情，燕子都知道双宿双飞，人却是独守空房；去年的燕子都知道回家，远人却不知道回家，表现了思妇的孤独与哀怨。"海棠晚，荼蘼早。飞絮急，青梅小"点明了暮春的时令特点，照应了前文"花事了"，表现了思妇对年华老去的伤感。苏轼《蝶恋花》有"花褪残红青杏小"，说明青梅结出小果是春花凋零的季节。"急"写出了飞絮之多，思妇的愁绪之深。远人未归，思妇独守空房既孤独又担忧，担忧年华老去，也担忧远人变心，正因为此，她在梦里也思念着远方的人，然而好梦却被清晨报晓的鸟儿打断，思妇的哀怨之情又得以表现。该词最后一句与唐代金昌绪《春怨》"打起黄莺儿，莫教枝上啼。啼时惊妾梦，不得到辽西"的表意相通，都写了思妇对鸟声打破思梦的怨恨，只是此词情感表现得较为含蓄，更显幽怨。

这首词的格调婉约哀怨，在洪咨夔的词作中是比较特别的。它正好展现了这个正直敢言的名臣也有悱恻缠绵的一面，表现了刚强之性与柔美之情的融合统一。

咏西山海棠

[宋] 方信孺

真珠几颗最深红，点缀偏方[1]造化工。
好事何年移蜀种，美人清晓出吴宫[2]。
妖娆能得几时赏，零落才消一夜风。
自有生香人不识，绣衾[3]全覆锦熏笼[4]。

注释

[1] 偏方：僻远地方。

[2] "美人"句：西施被进献吴王夫差的典故。越国勾践被吴王夫差灭国后，一直谋求复国。他知道吴王好色，便让范蠡遍访国中美色，寻到西施。便在宫中培养三年，教以歌舞、步履、礼仪等。三年后进献给了吴王夫差。夫差被西施迷得神魂颠倒，成了他最宠爱的妃子。春秋宿姑苏台，冬夏宿馆娃宫，整天与西施玩花赏月，鸣琴赋诗，荒废朝政，远忠臣亲小人。西施在吴国的十七年，也是吴国国力衰退，越国国力渐长的十七年，终于越王卧薪尝胆消灭了吴国。

[3] 绣衾：五彩锦缎被面的大被。

[4] 锦熏笼：瑞香花的别名。

作者简介

方信孺（1168—1222），字孚若，自号诗境，又号好庵、紫帽山人，兴化军莆田（今福建）人。信孺生于仕官世家，其父方崧卿官至京西转送判官，有惠政，信孺荫补官，为番禺县尉。开禧三年（1207）出使金国谈判"和议"之事。历任淮东转送判官、真州（今江苏仪征）知府，至广西漕。数年后，方信孺因被人陷害而遭弹劾，家境穷困潦倒。英年早逝。著有《南海百咏》《南冠萃稿》等。

译文

海棠花上露水粒粒，显得格外红艳。这里地方偏远，穷乡僻壤，而这美丽海棠却将此地装饰，不免感叹大自然的鬼斧神工。好事之徒将这本该生长于蜀地的海棠移植到此地，就像美人西施被迫进入吴王深宫那样。妖娆多姿的海棠能被欣赏多久，只用一夜风吹这美丽的海棠便会凋零。无人懂得赏识它的美艳与芬芳，却将烂俗的瑞香花绣满被面。

赏析

　　此诗作于诗人被弹劾至广西之后。诗人才华横溢，但却被困于山野之间，其中烦闷之情可想而知。

　　首联直接描写海棠的红艳美丽，认为这种偏远之地能够出现这等美物是大自然的奇迹。颔联诗人把海棠比作吴宫里的美人西施，而又说有"好事之徒"将这海棠从遥远蜀地迁植至此。首颔两联一语双关，既赞赏海棠的妩媚多姿，但不该出现在此荒凉之地，直言对海棠的喜爱；又自比于海棠，认为自己风华正茂、满腹经纶，本不该流落至此，郁郁不得志之情隐隐流露。而颈联将这种烦闷进一步表现：这海棠花的美丽不能被长久欣赏，只需一夜寒风便凋零，这既是咏海棠，又是诗人的自况。尾联再次借评海棠无人欣赏，将自己怀才不遇，满腹经纶无人赏识的愤懑倾泻而出。

　　概观全诗，诗人对于人生境况的切身描绘，对内心志向的含蓄表达，对怀才不遇的苦闷，都借由海棠花这一意象表达出来。

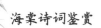

黄田人家别墅缭山种海棠为赋二绝（其二）

[宋] 刘克庄

海棠妙处有谁知，全在胭脂乍染时。
试问玉环[1]堪比否，玉环犹自觉离披[2]。

注释

[1] 玉环：杨贵妃的小字。
[2] 离披：衰残、凋敝的样子。

作者简介

刘克庄（1187—1269），初名灼，字潜夫，号后村，莆田（今福建）人。刘克庄于宋宁宗嘉定二年（1209）因其父在朝中任职而荫补将仕郎，后历任靖安主簿、真州录事、建阳县知县、帅司参议官、枢密院编修官。淳祐六年（1246），宋理宗因其久有文名，赐其同进士出身，后任秘书少监，官居工部尚书、建宁府知府。刘克庄兼擅诗、词、文，被视为当时文坛宗主。诗词多豪放之作，忧国伤时、愤世嫉俗之作最为突出。著有《后村先生大全集》，词集名《后村长短句》。

译文

海棠花的美妙有谁知道呢？其妙全在于它刚刚盛开，如同刚染过胭脂时。这时如果要问杨贵妃能否和它相比？恐怕杨贵妃自己也会觉得样貌已老，比不上吧。

赏析

刘克庄有数十首海棠诗词作品，虽总数不及陆游，但就陆游写诗众多而言，刘克庄的海棠诗词在自己作品中的占比更高。

此诗起首从提问开始，试问谁知道海棠的妙处，然后又以自问自答的方式，言明"全在胭脂乍染时"，即海棠花刚刚盛开，染上红色之时。诗中后两句又是一问一答的形式，问杨贵妃是否能和海棠花相比，诗人自答杨贵妃应该也会觉得比不上。

这里实际上是借用了杨贵妃海棠春睡的典故，问杨贵妃到底能否和海棠花相比。通过典故的使用，诗人最终表达了对于海棠花的喜爱和颂赞。

熊主簿示梅花十绝,诗至梅花已过,因观海棠辄次其韵(其五)

[宋] 刘克庄

梅太酸寒[1]兰太清,海棠方可入丹青。
赵昌[2]骨朽徐熙死,谁写春风上锦屏。

注释

[1] 酸寒:通"寒酸"。
[2] 赵昌:生卒年不详(约11世纪),字昌之,北宋画家,广汉剑南(今四川剑阁之南)人。工书法、绘画,擅画花果,多作折枝花,兼工草虫。

译文

梅花傲雪而开,未免让人觉得寒酸。兰花清雅却太素淡。只有海棠花才值得丹青描绘。只可惜赵昌、徐熙这些丹青圣手都已经不在人世,又有谁能将这海棠春色画到那锦绣屏风上呢。

赏析

刘克庄在此诗中将梅花、兰花与海棠花相比,认为梅花凛冬而开过于寒酸,兰花则过于清淡,只有海棠花开在春天又艳丽夺人,最值得入画。诗人曾以杨贵妃与海棠花相比,此处又以其他花相比,可见其对海棠的喜爱。

提到海棠值得丹青绘制,诗人又发出了著名画家赵昌和徐熙都已离世,无人能将这春风之景写上屏风的感叹。从王仲修《宫词》中"如何借得徐熙手,画作屏风立殿中"我们已经了解到徐熙画艺高超。而赵昌作为北宋画家,也有11幅关于海棠的画作记载于《宣和画谱》中,可见其也是当时非常知名的善于画海棠的画家。而且从本诗中也进一步印证了海棠花成为当时屏风绘画中重要题材,海棠在当时极具装饰性。这也综合反映了宋代人对于海棠花的喜爱。

如梦令
[宋] 吴潜

江上绿杨芳草。想见故园[1]春好。一树海棠花,昨夜梦魂飞绕。惊晓。惊晓。窗外一声啼鸟。

注释

[1] 故园:故乡、家乡。

作者简介

吴潜(1195—1262),字毅夫,号履斋,宣州宁国(今安徽宣城)人,又说为德清(今属浙江)人。南宋嘉定十年(1217)进士第一,累迁太府少卿、淮西总领、兵部尚书、浙东安抚使等,于淳祐十一年(1251)与开庆元年(1259)曾两度为相。因力主抗金,上书弹劾丁大权等误国,被贬,卒于循州(今广东惠阳)。吴潜与姜夔、吴文英等多有交往。其诗、词、文创作颇丰,《全宋诗》收其诗作二百五十余首,《全宋词》收其词作二百五十余首。诗文集已佚,明代梅鼎祚辑其作品整理成《履斋遗集》四卷,其中有诗一卷,词一卷,文二卷,被收录于《四库全书》。

译文

江畔杨柳成荫,芳草萋萋,不禁让人想到家乡的春色也该是这般美好的景象。昨夜未曾好眠,只梦见故乡那记忆中满树的海棠花,令人魂牵梦萦。突然,窗外一声清脆的鸟啼,惊醒了梦中的我,也惊醒了破晓的春色。

赏析

吴潜曾与姜夔、吴文英先后交游密切,但词风却更接近辛弃疾,《四库全书总目提要》评价吴词"激昂凄劲兼而有之"。这首小令却清新灵动,在他的作品中别具一格。

全词由"江""杨""芳草"三个意象的叠加起笔,以阔大江面为背景描画青青杨柳与萋萋芳草,色彩上着力突出一个"绿"字,让人顿觉生气勃发,春意盎然。一改晏殊《玉楼春》"绿杨芳草长亭路"之伤别,倒有王安石《泊船瓜洲》"春风又绿江南岸"之快意。

接着词人由眼前之景联想到"故园春好",再以"一树海棠花"入梦,虚实相生,构思精巧。词人未对海棠的颜色、形态等细节进行生动描摹,而是更多将其作为一种"故园"情感寄托的载体。对家乡的抽象思念在此高度凝练为具体可感的"一树海棠花",思念之盛之深不言而喻,此处可谓匠心独运。而"飞绕"一词则又赋予静态的海棠以灵动之姿,梦境本就缥缈,加之海棠飞绕,任凭读者自由发挥构成极富浪漫气息的画面。此种便达到美学大师朱光潜先生所说的文学"言不尽意"的"无言之美"。

当读者视觉饱满浮想联翩时,词人再出人意料又合乎情理地引入听觉,由一声鸟啼打破梦境,饶有趣味。原来已是破晓,含蓄点出词人"海棠飞绕"梦境之长,及对故园思念之切。

满江红

[宋] 吴潜

问海棠花,谁留恋、未教飘坠。真个好,一般标格[1],聘梅双李。怯冷拟将苏幕[2]护,怕惊莫把金铃缀。望铜梁[3]、玉垒正春深,花空美。

非粉饰,肌肤细。非涂泽,胭脂腻。恐人间天上,少其伦尔。西子颦[4]收初雨后,太真[5]浴罢微暄里。又明朝、杨柳插清明,鹃归未。

注释

[1] 标格:风度品格。

[2] 苏幕:帷帐。

[3] 铜梁、玉垒:山名,分别在今重庆合川区和四川都江堰境内。蜀地高峻奇险的山川。刘孝威《蜀道难》说:"玉垒高无极,铜梁不可攀。"

[4] 西子颦:美女西施因患心病而捧心皱眉,却显得别有一番风韵。此将海棠比西施,雨后更美。

[5] 太真:杨贵妃。此以杨贵妃新浴比海棠。

译文

我问海棠花,留恋世间的谁,一直没有凋零飘落。园中如今只剩下海棠花还在盛开,春意盎然。海棠花真是具有非常好的品格风度,能与高洁孤傲的梅花相媲美,比繁俗的李花更胜一筹。唯恐海棠弱不胜风寒,欲以帷帐保护它,也唯恐惊扰到海棠而把金铃等响物取下。望着铜梁山、玉垒山正值深春,海棠花如此盛放,却无人欣赏。

海棠花的姿色超凡脱俗、浑然天成,没有雕饰,如美人的肌肤一样光滑细腻,如胭脂一样色泽细密。恐怕天上地下都没有能够与它相提并论的了。海棠花的美,如雨后的西施、浴后的杨贵妃一样娇媚美艳。清明将近,又到了插杨柳的时节,鸣叫着的杜鹃鸟是否归去了呢?

赏析

这首词创作于宝祐六年（1258），此时的吴潜正在四川任沿江制置，恰逢清明，看到盛放的海棠花有感而发。

上阕，"问海棠花，谁留恋、未教飘坠"起句用设问句形式，将海棠花人格化，隐隐透露出了词人的惜花之情，拉近了读者与海棠的距离，与欧阳修的"泪眼问花花不语"有异曲同工之妙。海棠花在百花凋落之后，以自己的盎然生机苦苦留春，这种品格让词人直呼一声"真个好"，情真意切。在词人眼里，海棠有着梅花一般高洁孤傲的品质，同时比"粗桃凡李"格调更为高尚脱俗，所以词人表达了对海棠的爱慕，赞扬它以梅为友、以李为奴，眼下梅已早谢、桃李匿声，只剩下海棠还在迎风而不凋零，怎能不惹人怜爱。怕海棠弱不禁风寒，怕惊扰到海棠，所以词人欲以苏幕护之、把金铃之物取下，可见对海棠的爱护之情非同一般，惜花护花之意跃然纸上。"铜梁""玉垒"为今重庆和四川境内的两座山，据晋常璩《华阳国志·蜀志》载："蜀王杜宇称帝，号曰望帝……其相开明，决玉垒山以除水害。帝遂委以政事，法尧、舜禅受之义，遂禅位于开明。帝升西山隐焉。时适二月，子鹃鸟鸣。故蜀人悲子鹃鸟鸣也。"词人由铜梁山、玉垒山联想到"决玉垒山以除水害"的蜀相开明，进而联想到自身经历，一直在主张抗金雪耻的他先后两次在相位时遭谗被贬，郁郁不得志。此种失意的心情，恐怕只有深山中寂静独放、无人欣赏的海棠花可以理解了，所以词人见到海棠乃"我见犹怜"。

下阕，词人主要围绕海棠的形态、神韵，以拟人的修辞手法，展现海棠花的美艳娇媚。"肌肤细""胭脂腻"，海棠如美人一般清丽脱俗、绰约多姿，真乃绝色也，天上人间都少有能够与它相媲美的了，可见词人对海棠花的宠爱。之后将海棠花比拟为春秋越国著名美女西施和唐代杨贵妃，通过用典的修辞手法，将鲜花喻为美人，更形象地展现了海棠的神韵美。在对海棠的绝美姿色作了如此赞誉之后，词人用一"又"字将语意转折，感慨着清明将近，海棠怒放，到了遍插杨柳的时节，清明期间人们纷纷返乡，那鸣叫着的杜鹃鸟是否也回去了呢。此处词人再次用典，"杜鹃"在古代相传为蜀望帝所化，"鹃归未"表达的即是"鹃未归"，代表着蒙古入侵占下的北方故土仍未归还，这个清明无乡可返、无家可归，词人的悲慨实在是意味深长。

这首词上下两片结构对称，都是先描绘海棠之后再抒情，既抒发了对海棠绝色的赞美与喜爱，同时咏物而不停留于物，托物言志言情，表达了词人忠贞的爱国之心、忧国之心，海棠孤独盛放衬托着失土未归的悲慨，可泣可叹。

海棠春[1]·己未[2]清明对海棠有赋
[宋]吴潜

海棠亭午沾疏雨。便一饷[3]、胭脂尽吐。老去惜花心，相对花无语。

羽书[4]万里飞来处。报扫荡、狐嗥兔舞[5]。濯锦[6]古江头，飞景[7]还如许。

注释

[1]海棠春：词牌名，又名"海棠花""海棠春令""神清秀"等。正体双调四十八字，前后段各四句。

[2]己未：宋理宗开庆元年（1259）。

[3]一饷：片刻。

[4]羽书：古代插有鸟羽的紧急军事文书。

[5]狐嗥兔舞：这里代指蒙古入侵。吴潜作此词的前三年蒙古开始侵扰四川，前一年蒙古可汗蒙哥亲率大军攻入，连败宋军，但在合州（今合川）遭遇守将王坚的顽强抵抗，蒙哥曾一度考虑退兵。这个捷报很有可能是"羽书"的内容。

[6]濯锦：四川锦江。

[7]飞景：时光。葛洪《抱朴子·畅玄》云："乘流光，策飞景。"

译文

清明时节，中午下起了细细春雨，只片刻工夫，海棠花便尽展嫣红芳颜。可惜我年事已高，早已没有了赏花的心境，面对红颜无语凝噎。军事文书从万里远传来，原来是合州守将王坚抵抗住了蒙古入侵的捷报。遥想锦江边海棠花开的绚丽江景，希望岁月一直如这般绚烂壮丽。

赏析

吴潜是南宋中后期名臣，也是南宋一位重要词人。他曾几度官居台辅，又几度削职，经历了宦海几多沉浮。晚年时，遭谗被贬，不免意气有些消沉。这首词创作于开庆元年（1259），此时的词人已经六十五岁高龄，虽已暮年，但壮心不已，对国家的安危一刻也未曾忘怀。

词的标题点明了此时正处于清明时节,细雨纷纷。

上阕,词人观赏着遭遇一阵春雨过后的海棠花,"胭脂尽吐"充分描绘出了海棠花的艳红娇艳、妖娆妩媚,叫人更加喜爱。但是对此国色美景,词人"老去惜花心,相对花无语",年近暮年、壮志未酬的他只能感叹红颜皓首,面对衰落时局无能为力,内心对国家、对自己人生境遇的悲慨让词人产生了自怜衰疲之意,从而无心赏花。

下阕,词人的心境有了较大的转折。海棠原是蜀地名花,词人由海棠花联想到了"海棠香国"四川,从而再延伸联想到四川战局,这也更加深刻地印证了词人对家国大事的魂萦梦绕。四川战场前线传来捷报,一扫词人此前黯淡的情绪,心情顿时振奋起来。原来在此时的前三年,蒙古就开始侵扰四川蜀地,前一年蒙古可汗蒙哥亲率十万大军,自六盘山向川蜀进军,连败宋军,势不可挡。但到达合州(今合川)时,遇到守将王坚的顽强抵抗,这使得蒙哥的军事行动受到很大挫折,甚至一度考虑退兵。词人得此捷书,心情大好,故飞笔舞墨创作了此词,"灌锦古江头,飞景还如许"这样轻快的语调传达出了词人的豪情与欣喜,希望锦江边的海棠花开,年年如是,万般娇艳,江河绚烂!

词人前后情绪的强烈对比,先抑后扬,既抒发了他烈士暮年心忧国事的忠诚,同时又表达了他壮心不已的豪情,可歌可泣。

满江红·乙卯咏海棠

[宋] 李曾伯

才过新正[1]，能几日、海棠开了。将谓是、睡犹未足，嫣然何笑。一片殷红新锦样，天机[2]知费春多少。更芳期、不待燕黄昏，莺清晓。

花旧说，南昌好。花宜占，东风早。想香霏地近，融和偏巧。佳句流传千古在，石湖[3]不见坡翁[4]老。倩[5]何人、寄驿报家山[6]，教知道。

注释

[1] 新正：农历新年正月。

[2] 天机：造化的奥秘。

[3] 石湖：范成大。

[4] 坡翁：苏轼。

[5] 倩：请求。

[6] 家山：谓故乡。

作者简介

李曾伯（1198—约1268），字长孺，号可斋。怀州（今河南沁阳）人，南渡后寓居嘉兴（今浙江）。早年通判濠州，历任军器监主簿、淮西总领、太府少卿等职。理宗淳祐中历知静江府、广西经略安抚使。累进资政殿学士，授四川宣抚使，特赐同进士出身。多言边境之事，为贾似道所嫉，所以被撤职。景定五年（1264），知庆元府兼沿海制置使，不久遭论劾夺职。死后被追复原职。其词喜用慷慨悲壮之调，抒发忧时感世之情，有《可斋杂稿》等传世。

译文

刚过了农历新年正月，才几天海棠花就开尽了。只说是睡过却没有睡足，嫣然而笑又不知笑着什么。一片殷红的颜色，就像新的锦缎一般。天机造化不知道在海棠身上耗费多少春光。更不用说正值花期里，此景之美用不着配上黄昏的燕子、清晨的莺啼。海棠花历来被传颂，旧时就说，南昌的海棠花好看。东风来得早,正是摘下花儿占卜的时候。想那香气弥漫大地,近在身旁,一切和谐恰巧融合在一起。纵使石湖(范成大)、坡翁(苏轼)都已不在,那些吟咏海棠的美好诗句依旧千古流传。这种道理,能够请谁把它寄告给故乡的人,让他们也能知道呢?

赏析

李曾伯曾自称"愿学稼轩翁(辛弃疾)",《四库提要》称其"才气纵横,颇不入格,要亦戛戛异人,不屑拾慧牙后"。

本词词题为"乙卯咏海棠",应作于宝祐三年(1255)。其填词用语清丽,浅易明朗,传达出对海棠的无限喜爱。

词作先是叙说海棠花开了,又借"海棠春睡"的典故,称其睡犹未足。海棠花一旦盛开,其殷红艳丽,正如新出锦绣式样一般,枉费了春天多少的春光才能染就海棠花如此景色。另外,海棠花历来被传颂,就像海棠花经常被用来占卜一般。通过海棠花的占卜我们也能看出人们在民俗信仰中对海棠的看重。当然,这里面还有先贤名人,如范成大、苏轼对海棠花的吟诵,虽然逝者已逝,但其佳句却流传千古。这不禁使词人更为激动地想要把此中道理告诉家人。这从另一个侧面反映出作者对于自己诗词流传的期许。

海棠一夜为风吹尽三首（其一）

[宋] 姚勉

海棠自是百花仙，霞袂[1]霓裳[2]下九天。
昨夜诏归红玉阙[3]，但留翠幄[4]锁晴烟。

注释

[1] 霞袂：艳丽轻柔的舞衣。
[2] 霓裳：神仙的衣裳，相传神仙以云为裳。
[3] 玉阙：仙人所居的宫阙。
[4] 翠幄：翠色的帐幔。

作者简介

姚勉（1216—1262），字述之，一字成一，号雪坡，又号蜚卿，新昌（今江西宜丰）人，又说为瑞州高安（今江西宜春）人。南宋宝祐元年（1253）状元，初授平江节度判官、秘书省校书郎兼太子舍人。时有太学生弹劾丞相丁大全而被逐，姚勉愤然上疏论救，语甚切直，得罪权奸而被罢官，退隐乡里。开庆元年（1259）复召为校书郎兼太子舍人，时理宗贾贵妃的弟弟贾似道专权跋扈，姚勉为东宫太子讲《周易》时暗贬了右丞相贾似道专权误国，再遭免官。著有《雪坡舍人文集》（又称《雪坡集》）等。

译文

海棠娇美似百花仙子，穿着艳丽轻柔的仙女舞衣从九重天下凡尘。昨天夜晚应诏返回了天上宫阙，只留下翠绿枝叶被白日烟雾环绕。

赏析

姚勉是南宋末期的重要诗人。他知识渊博，才华横溢，钱钟书先生曾点评称其诗风为"江湖体之近晚唐者"，以"轻快"为特色，雅切自然。他一生宦途浮沉，曾先后两次遭到罢官，但是他依然以满腔热情，怀抱"治国平天下"的远大志向，希望积极入世实现政治抱负。这样的人生经历和性格特征也投射在其诗文创作中，诗歌内容或忧国忧民，或咏物言志，意境风格则多酣畅自然，心随意

动，笔到天成。

　　此诗的前两句，诗人将海棠想象成"百花仙子"，穿着衣袂飘飘、轻柔艳丽的仙女衣裙下到凡尘。这不由得让人联想起李白在《清平乐》中"云想衣裳花想容"的描绘，李白是由天上的云、地上的花联想到杨贵妃的容颜与衣服，姚勉此处亦是异曲同工，由海棠花联想到天上的仙女，同样的精妙绝伦。此处对于海棠花的描写，虽未直接描绘海棠的娇美动人，但是通过拟人、想象等修辞手法，也可见海棠花的风姿绰约，艳冠群芳。后两句诗人又通过海棠花的凋零，进而想象成这位"百花仙子"海棠或许是应诏返回到天上宫阙去了，留下枝叶在人间。诗人此处的想象十分精巧，本来海棠一夜之间被风吹落，留下的狼藉景象可想而知，古代文人对于"落红"的意象多诉诸伤春感怀，但是姚勉在此处反其道而行之，他并没有表现出失落哀伤，而是采用比喻、拟人、想象等多种修辞手法，营造了一番神话般的美好意境，让读者从伤怀中脱离，感受诗人乐观豁达的性格特征和超凡脱俗、绚丽飘逸的诗歌风格，展现出了高雅的审美情趣，可谓匠心独运。

偈颂[1] 一百零二首（其一）

[宋] 释绍昙

三月春云暮，韶华[2]似酒浓。
莺啼杨柳雨，蝶弄海棠风。
若作境[3]会，过山寻蚁迹，
不作境会，度水觅鱼踪。
故国归路远，日暮泣途穷[4]。

注释

[1] 偈颂：佛经中的唱颂词。偈，佛教术语，梵语"偈佗"，即佛经中的唱颂词。

[2] 韶华：春光，也指美好的年华。

[3] 境：境况、境地。这里指通过具体的物象领悟佛法获得智慧。

[4] 泣途穷：《晋书·阮籍传》书："时率意独驾，不由径路，车迹所穷，辄痛哭而返。"唐王勃《滕王阁序》书："孟尝高洁，空余报国之情；阮籍猖狂，岂效穷途之哭！"

作者简介

释绍昙（？—1297），字希叟，西蜀（今四川西部）人，宋末元初时僧人。景定元年（1260）住平江府法华禅寺，五年（1264）住庆元府雪窦资圣禅寺。咸淳五年（1269），住在庆元府瑞岩山开善禅寺至终老。日本僧人曾向其请教学习唐语（汉语）。著有《五家正宗赞》四卷，另有《希叟绍昙禅师语录》一卷、《希叟绍昙禅师广录》七卷，均收入《续藏经》。又有诗集《北涧集》，已佚。

译文

阳春三月，万物复苏。一转眼便到日暮时分，美好的春光和年华都像一杯佳酿，香气浓郁让人沉醉。烟雨朦胧中杨柳依依，莺啼不断，海棠盛开的熏人暖风里，蝶儿飞舞。如果通过具体的物象领悟佛法获得智慧，就像翻过一座山去寻找蚂蚁行路的痕迹，而如果不通过具体的物象领悟佛法获得智慧，就像渡过河流去寻觅鱼儿的踪影。一如回到故国的路途，是多么遥远啊，走到日落时分直至没有

路可走了还未到达。

赏析

　　受印度偈颂的影响，中国本土僧人也常将独特的修道体验和佛教义理感悟化为蕴涵深刻哲理的偈颂诗。这首诗是禅门偈颂中相当普遍的义理证悟类偈颂，是宋代"海棠诗"中别具哲理禅悟的代表作品之一。

　　诗篇可简单分为春景描绘、义理悟证、俗世回归三部分。首先是前四句，勾勒了一幅朦胧美好的春景。春日中的"云""雨""风"轻柔带暖，为"杨柳""海棠"静静相依营造温和朦胧的氛围，而"莺""蝶"的活动再添一份生机，"啼"字写声音、"弄"字写动作，整幅春日图的美好为下面义理悟证做铺垫。

　　接着运用"过山寻蚁迹""度水觅鱼踪"两个比喻将抽象的义理通俗化。翻过一座山去寻找蚂蚁行路的痕迹，渡过河流去寻觅鱼儿的踪影，都是过程极艰难且几乎不可能有肉眼可见的结果，领悟禅机在心不在物，更多是一种内心的修炼与体悟。眼前之"境"可能是我们领会禅机获得智慧的契机或是载体，但也要有循序渐进的修炼和瞬间的开悟，证道的过程是渐悟与顿悟的结合。

　　最后，诗人回到现实，和领悟禅机的艰难一样，回归故国的路途遥远，也几乎是不可能的，日暮里空余穷途之泣，不免感伤。统观整首诗，我们发现，海棠在这里更多作为一种体悟义理的可能载体，并不单纯是景，别有一番理趣。

贺新郎[1]

[宋] 何梦桂

更静钟初定。卷珠帘、人人独立,怨怀难忍。欲拨金猊[2]添沉水[3],病力厌厌不任。任蝶粉[4]、蜂黄消尽。亭北海棠还开否,纵金钗、犹在成长恨。花似我,瘦应甚。

凄凉无寐闲衾枕。看夜深、紫垣[5]华盖[6],低摇杠[7]柄。重拂罗裳蹙金线,尘满又鸳花胜[8]。孤负[9]我、花期春令[10]。不怕镜中羞华发[11],怕镜中、舞断孤鸾影。天尽处,悠悠兴。

注释

[1] 贺新郎:词牌名,由北宋苏轼首次填写,因其词中有"乳燕飞华屋"和"晚凉新浴"句,所以又称作"乳燕飞""贺新凉",又因宋人叶梦得、张辑分别有"唱金缕""把貂裘换酒长安市"句,故此词牌又唤作"金缕曲""貂裘换酒"。以"贺新郎"为词牌名的词作大多写感伤或悲愤之情。

[2] 金猊:香炉。狻猊(suān ní),是古代神话传说中龙生九子之一,喜欢烟雾,其形象常出现在香炉上。

[3] 沉水:沉香,一种著名香料。

[4] 蝶粉、蜂黄:唐时宫妆。

[5] 紫垣:星名,后借指皇宫。

[6] 华盖:星名,后指帝王所用车盖。

[7] 杠:星名,华盖下九星曰杠。

[8] 花胜:古代女子花形头饰。

[9] 孤负:辜负、亏负。

[10] 花期春令:喻指青春年华。

[11] 华发:花白的头发。

作者简介

何梦桂(1228—约1303),字岩叟,初名应旂,字申甫,别号潜斋,淳安文昌(今浙江杭州)人,咸淳元年(1265)进士,一甲第三名探花。累授台州军事判官、太常博士、监察御史,官至大理寺卿。南宋灭亡后,念家国无望,便隐退山林。入元，朝廷累征不起。筑室著书自娱，终老家中。他精于《易》，著有《易衍》2卷、《中庸致用》1卷、《大学说》1卷、《潜斋文集》11卷传于世。

译文

打更的声音结束了，报时的钟声也消失了。宫女们卷起珠帘，茕茕孑立，心中的幽怨溢于言表。想要去拨弄香炉添加一些香料，无奈病体精神不振，连这样的事也难以完成。脸上的妆容也消失殆尽。亭北的海棠还开放吗？纵然金钗还在，也成了心中长久的遗憾。那海棠花也应该像我这样吧，甚至比我还要消瘦。

冷清的夜晚难以入眠，倒也让这被子和枕头闲置了。夜深人静，紫微宫中的华盖星下，那九颗闪烁的星星，便如摇动的伞柄。华丽的衣服在一次次摆弄下起了金线，饰有鸳鸯的头饰落满了尘埃。真是浪费了我的青春年华。我不怕镜中令人郁闷的白发，只怕镜中照出的孤单身影。幽远的夜空，言不尽的惆怅思绪。

赏析

这是一首宫怨词。词人以女子的口吻，塑造了一位病恹恹的伤春怀远的宫中女子形象，在春天的夜晚遥望星空，表现了宫女凄凉孤独的心境和幽怨情绪。

上阕中，"更静钟初定""欲拨金猊添沉水"都是通过写计时工具，来点明时间。宫闱寂寞，女子都是以这样的方式感知着时间，这呼应了词作感叹时光流逝、青春易老的主题。词人以花比人，"瘦应甚"写宫女怜惜海棠花，其实是宫女对自己青春消逝的哀伤。看似怜花，实则自怜，这样的写法，与李清照同样写海棠的词句"应是绿肥红瘦"有相通之处。上阕在描写视角上也颇有匠心。开篇以动衬静，渲染了一种凄凉孤寂的氛围。"人人独立"视角发生转化，暗示了宫女凄凉命运的普遍性。

下阕以抒发孤独之情为主。"闲衾枕"一句写出了宫女深夜并不是躺在床上无眠，也照应了上阕"卷珠帘"这个动作。"紫垣华盖"既写出了夜之深，也暗示了宫女身处深宫的境地。"重拂罗裳蹙金线，尘满又鸳花胜"不仅写出了美服华饰闲置的不甘，也点出了无人做伴的"孤独"。"不怕镜中羞华发，怕镜中、舞断孤鸾影"将青春易逝的伤感和形单影只的孤独一并表现出来，情感的强烈也达到了全词的高潮。结尾"天尽处，悠悠兴"又将思绪放平拉远，便如白居易《琵琶行》所言的"别有幽愁暗恨生，此时无声胜有声"的余韵之美，令人回味无穷。

全词对主人公情绪的刻画，时而含蓄哀婉，时而强烈悲叹，时而无言惆怅。这种情感抒发的转变，也让读者体会到了宫女愁肠百结的心境，青春流逝的无可奈何，青春虚度的悲伤叹息，便都在这欲说还休、不吐不快、说也无用的叹息中得以呈现。

嘉禾百咏[1]（其一）·海棠亭

[宋] 张尧同

藓砌迎烟渚，花开忽满株。
春风吹烂漫，如展蜀川图[2]。

注释

[1] 嘉禾百咏：张尧同以嘉兴风土人情、名胜物产为题材创作的诗歌作品集。嘉禾，旧时嘉兴府别称。本诗为其中一首，所咏对象为海棠亭。据诗意亭子周围应种满海棠花。

[2] 蜀川图：蜀地的地图。相传北宋李公麟所作的《蜀川胜概图》也被称为《蜀川图》，所画内容为宋代川峡四路的著名山岳、河流、城池风貌。

作者简介

张尧同，公元1270年前后人士，具体生卒年不详，秀州（今浙江嘉兴）人。仕履未详，据《四库全书总目》推测为宋宁宗以后人士。作品散佚，仅有《嘉禾百咏》传世。

译文

站在长有苔藓的台阶上，迎面可望见烟雾笼罩的水中小岛。亭边的海棠树上好像是忽然间就开满了海棠花。春风吹过，花瓣飞舞，春光明媚，令人心荡神驰，眼前好像展开了《蜀川图》的画卷。

赏析

《嘉禾百咏》是宋代嘉兴籍诗人张尧同以嘉兴的风景名胜、建筑物产、风土人情、风俗习惯等作为题材所创作的诗歌作品集。关于"百咏"，宋代的文人学士歌咏风土往往以夸多斗靡为胜，如许尚《华亭百咏》、曾极《金陵百咏》等皆为一百首。张尧同所歌咏的嘉兴山川古迹，亦是如此，虽然诗歌中所描绘的很多场景今天已无从寻觅，但是从他细致而又多情的笔触中，我们依然可以体察到当年嘉兴的风土人情。这对于当地的地志考据，发挥了很重要的作用。

这首五言绝句描绘了一幅海棠花开满烟渚的美景图，诗人站在亭上，用绚丽

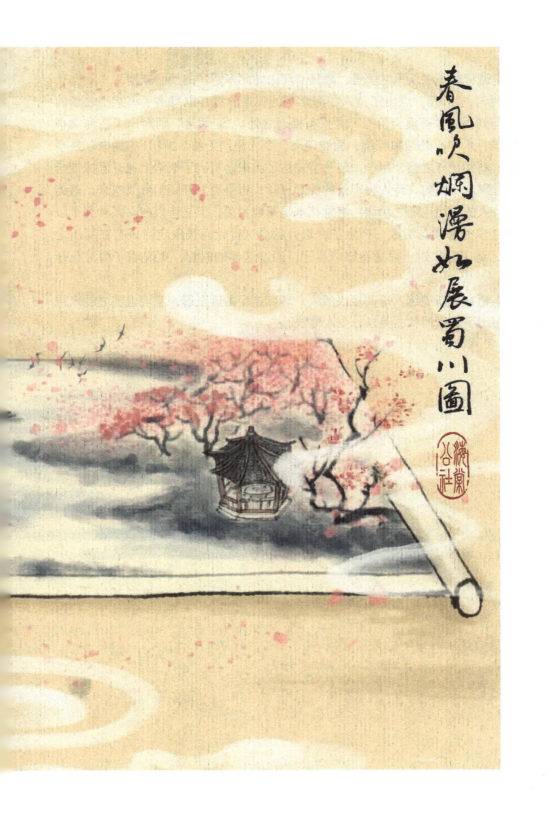

烂漫的笔调记录下了所见之美景，颇具"江山如此多娇"的壮丽豪情。

首两句，"藓砌"点出了诗人在海棠亭的观景位置，也写出了海棠亭之景的一隅，与刘禹锡"苔痕上阶绿"之景有相通之处。"迎烟渚"则写出了在海棠亭所观之景，水中小岛烟雾缭绕，朦胧迷离，令人思绪纷纷。"花开忽满株"是亭边之景，海棠花开之盛，用一"忽"字表达了出来，写出了烟渚上花开满株带给诗人的惊喜。后两句，诗人将观景的视野打开，看得更为开阔。春风吹来，落英缤纷，诗人的心绪也随之荡漾。海棠花本是蜀地名花，但是诗人在嘉兴看到了眼前如此之多的海棠花绽放，产生了联想，觉得这番壮丽景象应当只有在蜀川之地才能见到，它犹如一幅画卷悠悠展开。通过这样的联想，更说明了海棠花开之盛。

诗人语言清新简练，语调轻快活泼，环境描写由近至远，意境也随之越来越开阔，写出了嘉兴的壮丽美景，令人称快。

好事近·浙江楼闻笛

[宋] 汪元量

独倚浙江楼,满耳怨笳[1]哀笛。犹有梨园[2]声在,念那人[3]天北[4]。

海棠憔悴怯春寒,风雨怎禁得。回首华清池[5]畔,渺露芄烟荻。

注释

[1] 笳:胡笳,我国古代北方的一种民族乐器,类似笛子,双簧气鸣乐器。有两种形制。一为竹制,无侧孔。另一为木制,有三个侧指孔。

[2] 梨园:代指宫廷乐舞机构。

[3] 那人:临安失陷后被元兵俘虏北去的宋恭帝。

[4] 天北:遥远的北方,指大都(今北京)。

[5] 华清池:今陕西西安临潼,这里借指南宋宫廷池苑。

作者简介

汪元量(约1241—约1317),字大有,号水云,钱塘(今浙江杭州)人。南宋诗人、词人。他是供奉内廷的琴师,元兵灭宋,把三宫俘虏到北方去,他也跟去,曾探视文天祥于狱中。元世祖至元二十五年(1288)出家为道士,获南归。汪元量诗多纪国亡前后事,有"诗史"之称,其中,《湖州歌》《越州歌》《醉歌》是汪元量"诗史"的代表作。其深度和广度都超出其他宋遗民同类的诗。他记述的史实,往往能补史籍之所未及。有《水云集》《湖山类稿》存世。

译文

独自在浙江楼远眺,满耳传来的都是哀怨的胡笳和笛子声。好像宫廷的乐工还在演奏,幼帝此时却已经被俘虏到遥远的北方。高贵而柔弱的海棠被入侵者如狂风暴雨般摧残,还怎能经得住风雨。回首望向临安,已经是荻叶瑟瑟,烟雾缥缈,一派荒凉了。

赏析

宋恭帝德祐二年（1276）三月，蒙古大军进入南宋都城临安。太皇太后被裹挟北去，而汪元量作为太皇太后的琴师，也随同前往。这首小令就作于和太皇太后暂时羁留临安的一段时间内，是德祐二年的三四月间。

上阕起首二句就烘托出一种极度悲怆的气氛，作者登高远眺，看见大好河山惨遭蹂躏，心如刀割，曾经教阅水军之地与观潮之所，如今是满耳哀怨的笳声和笛声，更让他感觉悲伤。

下阕"海棠"二句用比喻的手法，形象地描绘了南宋君臣横遭洗劫的惨痛经历。入侵者就好像狂风暴雨，摧残了高贵而柔弱的海棠，使人悲愤不禁。最后"回首"二句，以低回哀婉的笔调倾吐了一位爱国志士对故国故君的无限眷恋：原来那繁华升平、笙歌曼舞的故地，如今已是一派荒凉，再也不复往昔景象。这种沉重的分离之悲为这首词涂上了一层浓浓的凄惨色彩，展现了一首祭奠南宋亡灵的沉痛的挽歌。

全词以海棠为表意意象，写出了作者对被掳北上的幼帝与太后的怜念，及痛悼南宋的灭亡，表达了词人内心的伤感与无奈之情。

忆秦娥

[宋]汪元量

如何说。人生自古多离别。多离别。年年辜负,海棠时节。

娇娇独坐成愁绝。胡笳吹落关山月。关山[1]月。春来秋去,几番圆缺。

注释

[1]关山:关隘山岭。

译文

不可说啊,人的一生要经历很多的离别。离别太多以至于经常辜负海棠盛开的一番美意。如今,我独自坐立,为愁绪所包围。月下笛声凄凉,远处关隘山岭都已逐渐模糊。看着远处关隘上空的月亮,日复一日、年复一年都在盈亏变换。

赏析

汪元量主要生活在南宋末年,曾被元兵掳至北方十多年之久,出家后方获南归。从这首词作来看,应是作者身在北方时所作。

此词伤今怀古,托兴深远。首以难以言表的离别愁绪引起,慨叹人生无常、世事难料。紧接着对"年年辜负,海棠时节"情境的描写,既可能是对往昔场景的回忆、想象,进一步显现作者的离愁别绪,同时也流露出作者对当前人生境遇的一种隐喻,揭示自己漂泊异域的阴郁。作者以离别之撼,反衬今时今日身处异地的思乡之情与绵延忧思。

下阕作者话锋一转,将思绪从美好的想象中带回,寓情于景,眼前的自己,早已惨淡迷离。在这里,"海棠"成为整篇词作的情感线索,旧日的海棠有多美,今时的境况就有多凄戚。后面"胡笳""关山""月色"借景抒情,以异域山川的描写抒发内心的孤寂、苦闷、凄凉之境。再续"关山月"一句,悲感愈深。"圆缺"八字,只写境界,兴衰之感都寓其中。整篇如泣如诉,对山望月,更显无可奈何。词不正面涂抹,却从反面点妆,字少而情多,委婉而入微,余音袅袅,不绝如缕。

一路海棠正开

[宋] 陈普

  入樵[1]万里海棠林,花作云霞树作阴。
  莫笑道人行此路,却怀程邵[2]看花心。

注释

  [1]樵:柴,散木。动词意为打柴。
  [2]程邵:程即"二程"程颢、程颐,邵即邵雍。程、邵皆为北宋理学名家,对后世理学及理学诗的发展影响巨大。

作者简介

  陈普(1244—1315),字尚德,号惧斋,世称石堂先生。生于宁德(今福建宁德),南宋理学家、教育家。一生潜心研究程朱理学。陈普的诗歌理学色彩浓重,擅"以理观物"。作为宋朝遗民,陈普志不仕元,设馆倡学,桃李遍布天下。一生著作颇丰,今存《石堂先生遗集》《石堂先生遗稿》《武夷棹歌》(朱熹撰、陈普注)。

译文

  打柴的山中海棠花开得十分茂盛,有着成林万里的气势,花朵像云霞一样,花树也投下了树荫。不要取笑求学问道之人走这条路,不是留恋繁花美景,而是怀着如程颢、程颐和邵雍等理学家一样的精神,来探寻海棠花背后的义理。

赏析

  前两句以写景为主,描写了万里海棠林的盛况。后两句却笔锋一转,指出看花的目的不是留恋花容花色,而是怀有"程邵看花"之心,从理学的视角来观物;不是简单地为了欣赏花的颜色形态,而是为了探求背后的义理。
  作为宋朝遗民,自宋朝灭亡后至元代,陈普选择隐居不仕。陈普咏物诗的对象大多都具有日常平淡之美,海棠在这里是作者"以理观物"下带有理性意味的意象,和作者潜心研究理学的美学追求相一致。陈普对于淡雅的海棠格外欣赏,海棠花在这里是他思想的化身。陈普为学、为人都提倡"不慕名利、不求仕进",这颗非同寻常的"看花心",都投射在海棠的意象之中。

金代

清平乐 [1]

[金] 元好问

离肠宛转[2]，瘦觉妆痕浅。飞去飞来双语燕，消息知郎近远。楼前小雨珊珊[3]，海棠帘幕轻寒。杜宇一声春去，树头无数青山。

注释

[1] 清平乐：原为唐教坊曲名，后用作词牌名，又名"清平乐令""醉东风""忆萝月"，为宋词常用词牌。此调正体双调八句四十六字。

[2] 离肠宛转：情人相别的痛苦使人愁肠百结。

[3] 珊珊：原指玉声，这里指雨下得很轻、很细。

作者简介

元好问（1190—1257），字裕之，号遗山，世称遗山先生。秀容（今山西忻州）人。金代文学家、文学批评家。曾任国史院编修，官至知制诰。晚年归故乡，隐居不仕，于家中潜心著述。元好问是宋金对峙时期北方文学的主要代表、文坛盟主，又是金元之际在文学上承前启后的桥梁，被尊为"北方文雄""一代文宗"。著有《遗山集》《中州集》等。

译文

与爱人的分别让我痛苦，这哀婉缠绵的离情让我日渐消瘦，脸上的妆容也不再美艳。这飞来飞去的双燕，一定知道郎君你行踪的消息是近是远。小楼前的春雨淅淅沥沥，帘幕外的海棠在小雨中经受着轻寒的侵扰。我寻着杜鹃鸟渐渐远去的叫声望去，树林繁茂，重峦叠嶂，却不见你的身影。

赏析

元好问以品性天生豪杰之气，词作沉郁苍劲，但也不乏些许描绘儿女情长的小词。本词是一首相思之词，主要表达了伤春思人的闺怨深情。

上阕首句即奠定全词感情基调。少女的思情哀婉，容貌也变得憔悴浅淡。寥寥两句，便将一个凭栏独望、遥思佳人的少女神态刻画得传神，这也是本词中唯一直接抒情的部分。这双宿双飞的春燕，你们可知道我郎君的消息，双飞燕本该象征着团圆的吉兆，而此时却借燕言情承载着少女的思念，成为少女的信使，从侧面表现少女对与情郎重逢的深切期盼。下阕着重写景，楼前小雨，轻寒海棠，营造了一个冷清孤寂的场景，以景抒情，这少女的心思也像这楼前小雨，剪不断，理还乱。而自身也像这雨中海棠，孤身一人，被春寒无情侵袭。细雨中的海棠，此时是少女本人的象征，表现物是人非的氛围和情感。尾句则借目送杜鹃远去，遥指相思远方情郎。

　　这首词最突出的是其景物描写以主观视角连贯流畅，而情则巧妙寓于其中。从上阕的春燕开始，一切景物皆以少女本身视角刻画。少女遥望天边双飞燕，其独处闺房的思念心情可想而知，转而将视角回到闺房外小景，情感便由思念转为孤寂，而后视角切回天际，少女循声望向群山，这由远及近的场景切换，均以少女的情感变化为主线，空间感十足。而海棠作为少女自比的重要情感意象，在其中则是情感变化、景物切换的重要节点。

同儿辈赋未开海棠二首（其二）

[金] 元好问

枝间新绿一重重，小蕾深藏数点红。
爱惜芳心莫轻吐，且教桃李闹春风。

译文

　　一重一重的新叶叠在枝间，海棠花蕾深藏在枝叶里只露出点点鲜红。这小小的花蕾爱惜自己的高洁之心，不轻易向世人吐露，只任凭这桃花、李花在春风中争奇斗艳。

赏析

　　诗人生于乱世，至步入仕途时，金朝已值末年。历经国家破灭后，即使新政权倾心接纳元好问，五十岁的他也已无意出仕为官，隐居山林，以修著金史为己任。元好问以"丧乱诗"奠定了他在文学史上的地位，这些诗是在金朝灭亡前后写出的，有《歧阳》三首、《壬辰十二月车驾车狩后即事》五首、《俳体雪香亭杂咏》十五首、《癸巳五月三日北渡》三首、《续小娘歌》十首等。本首咏物诗作于元好问晚年，已不再有其"丧乱诗"的苍凉与遒劲。

　　诗作前两句写海棠花将开而未开，而绿叶重重，花苞隐于叶中的景象。诗人未对海棠作浓墨重彩的描绘，而是点到即止，仅着墨于花蕾隐于叶中的姿态。未开的海棠不及盛开时那番艳丽，但也别有一番娇羞清丽的趣味。"重重""数点"极具灵动性，这种灵动在红花绿叶的对比下更显入木三分，凸显出未开海棠的生机勃勃，未来可期。

　　诗作后两句是诗人的寄托之词，既是对自己一生风雨的感怀，也是对儿孙的殷切希望。诗人用拟人的手法，刻画海棠花蕾不愿向世人开放的高洁品性，带有强烈的主观色彩。诗人以海棠自比：金朝覆灭后，诗人终其一生不愿为元出仕，饱经沧桑。此时诗人回想自己的一生，就像这含苞未放的海棠一样，不愿为现世的权贵吐露才学，而非如桃李般盛开的向元朝摇尾乞怜的新贵，亡国遗恨虽已淡泊，但也不免感怀。诗人将降于元朝的新权贵比作桃李，表达内心不齿于其行为的态度。

　　纵观全诗，笔法细腻，清新自然，写景灵动，抒情晓畅。

元代

临江仙·海棠

[元] 刘秉忠

十日狂风才是定，满园桃李纷纷。黄蜂粉蝶莫生嗔[1]。海棠贪睡着，留得一枝春。便是徐熙相对染[2]，丹青不到天真。雨余红色愈精神。夜眠清早起，应有惜花人。

注释

[1] 嗔：怒。

[2] 染：绘画的方法之一，即渲染。

作者简介

刘秉忠（1216—1274），邢州（今河北邢台）人，字仲晦，初名侃，又名子聪，元代初期杰出的政治家、文学家。拜官后更今名，自号藏春散人。金末曾任邢台节度使府令史，先入全真道，后辞官为僧，拜海云禅师门下，因恩师举荐，入元世祖忽必烈幕府，参与军政要务，后为元世祖重臣。曾奏请建国号为大元，并参与制定各项礼仪制度。著有《藏春集》《藏春乐府》等。

译文

吹袭多日的大风这才停下，满园花树的花朵被吹得纷纷扬扬。蝴蝶、蜜蜂请不要生气，还有这海棠花依旧灿烂，也独有它才彰显春色。即便是徐熙对着这海棠作画，其画作也远不能表现其天真清丽的姿态。雨后的海棠花，越发红艳怜人。清晨早起，应有爱惜这花的人。

赏析

刘秉忠自幼好学，虽位极人臣，但仍然保持着为僧时期的淡泊生活。《元史》评曰："其诗萧散闲淡，类其为人。"本词上阕描绘了落英满园唯有海棠独存的景象。本该是花朵灿烂、蜂蝶飞舞的时节，这满园春色却被狂风吹乱，不禁令人惋惜。这时作者话锋一转，从旁侧落墨，安慰蜂蝶莫要生气，还有海棠一枝独春，既刻画了海棠的清丽喜人，也借蜂蝶暗指了诗人内心的喜悦。蜂蝶意象的引入，与依旧灿烂的海棠花一起，也给这本该寂静伤感的场景增添了生机与活力。下阕依旧从侧面入手，将徐熙之画与海棠相比，称即便是工于花鸟的徐熙，其画作也不能及海棠花的天真清丽，在对比之中，海棠花凸显得愈发怜人。而尾句写自己早起赏花，悯惜海棠美景。

　　纵观本词，写景抒情，风格健朗明快，却不失细腻的情感表达。全诗并未直接在刻画海棠上着墨，一方面以桃李落英突出海棠一枝独秀，另一方面用人工丹青与天然海棠对照，不拘泥于海棠的具体形象，干脆利落。

薄幸 [1]

[元] 仇远

眼波横秀。乍睡起、茸窗倦绣[2]。甚脉脉、阑干凭晓，一握乱丝如柳。最恼人、微雨悭[3]晴，飞红满地春风骤。记帕折香绡，簪敲凉玉，小约清明前后。

昨梦行云何处，应只在、春城迷酒。对溪桃羞语，海棠贪困，莺声唤醒愁仍旧。劝花休瘦。看钗盟[4]再合，秋千小院同携手。回文锦字[5]，寄与知他信否。

注释

[1] 薄幸：词牌名。北宋新声，贺铸词为创调之作，调见《东山词》。正体双调一百零八字。

[2] 倦绣：倦于女红。

[3] 悭：吝、少。

[4] 钗盟：以金钗为盟誓之物，钗有两股，人持一股，以期来日人钗两合。

[5] 回文锦字：晋窦滔妻苏氏（字若兰）织锦回文诗以寄其夫，表达相思盼归的心情。事见《晋书·列女传》。

作者简介

仇远（1247—1326），字仁近，一字仁父，钱塘（今浙江杭州）人。因居余杭溪上之仇山，自号山村、山村民，人称山村先生。元代文学家、书法家。元大德九年（1305）五十八岁的他任溧阳儒学教授，晚年退隐后，悠游山河以终。

译文

流动如水的眼睛显出一种横眉清秀的样子。刚刚睡醒，倚在小窗户旁，不愿做针绣。含情脉脉地在栏杆那靠着等待天破晓，握着自己如同柳条一般散乱的头发。最让烦恼的是，天气下着小雨，天晴的时间很少。春风骤起吹得落花满地。把那泛着香味的绡布折起，用发簪敲着冰凉的玉佩，心里想着在清明前后能相见。昨天这薄幸人会私会于何处？应该只在春城喝酒沉醉。对着临溪的桃花羞怯地说着心事，像海棠花睡未足般不能清醒，黄莺声声啼叫，人被唤醒了却仍旧满是愁绪。劝说那海棠花不要再因相思而瘦。想想两人金钗再合的时候，可以在小院秋千旁共同携手。现在织一幅回文锦书寄给他，不知道他能否相信我这相思之情。

赏析

　　此词词牌名"薄幸"，为北宋贺铸创调之作。薄幸，即薄情，原用于形容对爱情不专一的男人，有薄情、负心之意。旧时女子对自己所欢的男人亦昵称"薄幸"，犹"冤家"。唐代诗人杜牧《遣怀》："十年一觉扬州梦，赢得青楼薄幸名。"调名或本于此。调名本意即咏女子对自己心仪的男人昵称"薄幸"。此调多用以写闺情或离情。

　　本词同样以闺情为描写对象，先细致描写了女子刚睡起时所见的情景。从眼波横秀，到发乱如丝，到折起香帕，敲起玉簪，都表明了主人公的百无聊赖之感，其孤身一人，自是凄凉。下阕又写到女子对薄幸之人的诸多遐想，他可能昨晚完全是在他处饮酒作乐。其中的思念嗔怨愈发深入心底。只能对着桃花诉说心情，然后如海棠春睡般睡去。再次醒来后，其愁绪依然不减，只能对着海棠花继续倾诉。这里海棠花借用了杨贵妃的典故，形象地描绘了女子春困睡去的场景。同时，也借杨贵妃和唐明皇的爱情故事，烘托出女子对于薄幸之人的思念与深情。

少年游 [1]

[元] 萨都剌

去年人在凤凰池[2]，银烛夜弹丝。沉水香消，梨云梦暖，深院绣帘垂。

今年冷落江南夜，心事有谁知。杨柳风柔，海棠月澹，独自倚栏时。

注释

[1] 少年游：词牌名，又名"小阑干""玉腊梅枝"等。正体双调五十字，前后段各五句。

[2] 凤凰池：中书省，此处代指京城。

作者简介

萨都剌（约1307—1359后），字天锡，以回鹘人徙居雁门（今山西代县）。元文学家。泰定四年（1327）进士，曾入翰林国史院，历任燕南河北道肃政廉访司，迁闽海福建道肃政廉访司知事，后弃官归隐结庐于司空山。刘熙载《词概》将萨都剌与虞集词并称为"兼擅苏、秦之胜"。著有《雁门集》《寒夜闻角》《鬻女谣》等。

译文

去年我还在京城任职，夜里我和着银烛微光弹奏琴弦。沉香已经焚尽，我在温暖中进入梦境，庭院静谧，绣帘低垂。而今年，在这冷冷清清的江南夜，我的心事有谁能知晓。春风轻拂，海棠笼罩着安静的月光。我独自一人凭栏追思感伤。

赏析

萨都剌任监察御史等官职，为人刚正，敢言善辩，敢于弹劾权贵，却遭打击，被贬江南。此词大约作于元至顺三年（1332），可能作于萨都剌由翰林国史院转任江南之时，借以抒发羁旅愁情。

上阕极言诗人在京时的美好生活。夜弹银丝，焚香伴眠，静谧的夜晚锦绣窗帘低垂，这一切都是如此地清新高雅，诗人直言其怀念之情。下阕则表现孤身在外的落寞。江南春夜，再无好友为伴，只有轻柔春风和月下海棠聊以慰藉。以景写情，表现出诗人旅途的寂寞与风光不再的惆怅。

　　下阕的海棠作为本词营造氛围的重要情感意象，有多层意义。其一，诗人以海棠自比，春夜的海棠只有春风为伴，暗指诗人自己孤身无依；月夜微光，海棠也只是淡淡冷清，全然不比春日那般鲜艳，诗人借此抒发被贬的苦闷心情。其二，象征往日的美好，在京任职时自是意气风发，而如今往事不再，就像这冷清的海棠。

　　本词上下阕对比强烈，通过今年、去年，悲欢冷暖的强烈对比，表达诗人被贬江南的惆怅与落寞。但这词中的愁情不是一味地哀伤，也流露出丝丝淡然。就如同这海棠，虽只有微风吹拂，但这春风也并不凛冽寒冷，而是轻柔暖风，在淡淡的月光下也别有韵味。

送边伯京之闽

[元] 王冕

边郎[1]辟掾[2]南闽去,马首春光正十分。
路夹海棠行锦障,江涵山翠拥罗文。
简书[3]可励[4]风云会[5],韬略[6]能夷虎豹群。
若向武夷山下过,为余传语杜徵君[7]。

注释

[1] 边郎:边伯京,元京兆人。

[2] 辟掾:被选拔出任州县的属官。

[3] 简书:此指公文、公函、文书。

[4] 励:振奋、振作的意思。

[5] 风云会:变幻莫测的战事、动乱。

[6] 韬略:古代兵书有《三韬》《六略》,故将用兵的谋略称为韬略。

[7] 杜徵君:徵君,征士的尊称,指不接受朝廷征聘的隐士。杜徵君,即杜本,字伯原。

作者简介

王冕(1287—1359),字元章,别号煮石山农、饭牛翁、会稽外史、梅花屋主等,诸暨(今浙江)人。元画家、诗人。以画"没骨梅"著名,其咏梅诗多表现孤傲的品性。鄙视权贵,终生隐居。诗风自然质朴,不拘一格,多写隐逸生活,也常反映民间疾苦。著有《竹斋集》等。

译文

送伯京前往闽南任职,前方道路春光正好。路两旁海棠花盛开,我们好像穿行在华美的屏障里一样。江水像一条波纹交错的锦缎,倒映着春意盎然的青山。你的文书能给战局带来转机,你的智慧有助于平叛乱军。如果你路过武夷山脚,请代我向杜伯原问好。

赏析

  本诗是一首送别之作，而这种送行主题在中国古代诗歌中大量存在。送别诗通常多劝慰朋友不要感伤，尤其是友人去往边疆险远的地方。本诗则借描绘一路上明媚的春光，暗示友人前程似锦，鼓励友人不必担心路途遥远无人为伴。

  本诗首联即定下诗歌豪迈昂扬的情感基调，这一路上绿意盎然，春光明媚，暗示友人的前程也必定会如这春色一般一片光明。颔联承接首联，对路上的春光做细致描写，海棠不是海棠，而是锦绣屏障，这江水也如波纹绮丽的锦缎。锦绣海棠、青山碧江，俯仰之间，动静之间，这令人心驰神往的春日景色被刻画得丰满而立体。颈联直言称赞友人的才能，认为友人可以扭转战局，一个文韬武略、智勇双全的形象跃然纸上，同时将本诗的昂扬豪迈的情感推向高潮。王冕生于元末，试进士不第，后再无意仕途，隐居九里山，尾联以托友人问候隐士结束，聊以明志。

  纵观全诗，融情于景，情感激荡昂扬。此处的海棠也可以理解为象征美好事物的情感意象。海棠夹路而列，友人穿行其中，海棠之美尽收眼底，寓意未来一切都尽在掌握。

花心动[1]·剑浦[2]有感

[元] 张翥

花信风[3]寒,绮窗深、匆匆禁烟时节[4]。燕子乍来,宿雨才晴,满树海棠如雪。黛眉准拟明朝画,灯花茧、妆奁[5]双叠。负佳约、鹊还误报,燕应羞说。

宝镜将圆又缺。从涩尽银簧,怕吹呜咽。一霎梦魂,也唤相逢,依黯断云残月。古来多少春闺怨,看薄命、无人如妾。软绡帕、凭谁寄将泪血。

注释

[1] 花心动:词牌名,又名"好心动""桂飘香""上升花""梅梢月"。正体双调一百零四字,前段十句,后段八句。

[2] 剑浦:今福建南平。

[3] 花信风:古时人称三月花开时吹来的风为花信风。

[4] 禁烟时节:寒食节。

[5] 妆奁:梳妆镜匣,泛指嫁妆。

作者简介

张翥(1287—1368),字仲举,号蜕庵先生,晋宁襄陵(今山西襄汾西北)人。元文学家。其父为吏,从征江南,调饶州安仁县典史,又为杭州钞库副使。至元初,召为国子助教,复起为翰林编修。少负才隽,豪放不羁。一旦幡然改,闭门读书,以诗文知名一时。《四库提要》谓其词"婉丽风流,有南宋旧格"。著作有《蜕庵集》《蜕庵词》等。

译文

三月寒风依然凛冽,春燕初来,一夜的春雨这才停歇,海棠满树,在阳光下像初雪般盖满枝。我为明日重逢而打扮自己,妆台的灯芯也燃成花的形状。我满心欢喜欲与佳人相见,可行人却未归还,我埋怨喜鹊误报了喜讯,春燕归来的吉兆也是虚假。破镜难圆,我们何时才能相见?停下吹奏中的银笛,只因生怕这声音让自己流泪。即便是在夜晚瞬时而逝的梦境里,我也在期盼与你相逢,可我只能望着深夜隐约的碎云与残破的月亮，聊以慰藉。古往今来有多少思妇只能于闺中思念，只叹红颜薄命，没有人能懂我的哀怨。

赏析

张翥师承南宋姜夔、吴文英一派，讲究法度性情，词风工雅婉丽。其词以题画、咏物、怀古、写景、抒发隐逸之乐为主要内容，词风在元词中别具一格，写有在元词中难得一见的爱情词。本词婉雅而深致，上阕在写景之余细致刻画人物内心活动。春燕、晴日、海棠等，无不在塑造一个可怜喜人的春日景象。可花信风、春燕、海棠、灯花这一切暗示重逢在即的吉兆都被"负佳约"三字无情打破，这种巨大的落差感让思妇无所适从，只能埋怨喜鹊，上阕到此戛然而止。

下阕细致刻画人物内心，既然不能重逢，又何必给人希望，一句"将圆又缺"再次强调思妇的心理落差。相逢不得，只能寄思心以残云断月，感叹无人知晓内心的相思。本词中的海棠花因春风、春雨的洗礼而变得如雪般洁白，喻指思妇因些许吉兆而内心产生难以言喻的喜悦，为后文的巨大转折做铺垫，是不可或缺的重要意象。

邻园海棠

[元] 张昱

自家池馆久荒凉,却过邻园看海棠。
日色未嫣红锦被,露华犹湿紫丝囊[1]。
掌中飞燕还能舞,梦里朝云自有香。
银烛莫辞深夜照,几多佳丽负春光。

注释

[1] 紫丝囊:喻指香囊,或喻精美之物,此指海棠。

作者简介

张昱(1289—1371),字光弼,号一笑居士,庐陵(今江西吉安县)人。元代诗人。元末左丞杨完镇江浙,张昱任参谋军府,官至左右司员外郎,行枢密院判官。杨死后,张昱弃官不出,晚居西湖寿安坊,屋破无力修理。元亡,被征召入京,明太祖怜其老,言"可闲矣",厚赐使归,更号可闲老人,浪迹山水。著有《庐陵集》《可闲老人集》等。

译文

自家的庄园池塘已荒废许久,到邻居家的院子里观赏海棠。天色还没有彻底昏暗,晚霞像是给天空披上红锦,露水也略微打湿了海棠。这海棠还能像曼妙的美人一样轻舞,梦里也能带来阵阵芬芳。不要心疼在深夜里点亮蜡烛,有太多的美人白白浪费了她们的美好时光。

赏析

本诗记述了观赏邻家庄园海棠花一事。首联点明事件缘由。颔联描写黄昏彩霞与露湿海棠,一动一静,一宏大而广阔,一微小而精妙,勾勒出一幅惹人怜爱的美好景象。颈联进一步将海棠比作舞姿曼妙的美人,即使是在深夜也能够翩翩起舞,也让诗人反而更期待深夜的到来。尾联"佳丽"喻指海棠,感叹不可辜负时光。

纵观全诗,诗人在描写黄昏入夜的海棠,表达对其喜爱之余,也带有一丝哀伤。诗人生活在朝代更替之际，元衰明兴，就像自家池馆已然残破而邻家却海棠满园，这海棠再过美艳，终究不是自家之物。尾联既是对韶华易逝的感叹，也是对世人的规劝。

明代

浣溪沙[1]·上巳[2]

[明] 杨基

　　软翠冠儿簇海棠，砑罗[3]衫子绣丁香。闲来水上踏青阳[4]。
　　风暖有人能作伴，日长无事可思量。水流花落任匆忙。

注释

　　[1] 浣溪沙：原为唐教坊曲名，后用为词牌名。此调字数以四十二字居多，另有四十四字和四十六字两种。正体双调四十二字，上下阕各三句。此调音节明快，为婉约、豪放两派词人所常用。

　　[2] 上巳（sì）：古代每年农历三月三为上巳节，一般于郊外水边洗濯，祓除不祥。

　　[3] 砑（yà）罗：一种砑光的丝织品。

　　[4] 青阳：春天。

作者简介

　　杨基（1326—1378），字孟载，号眉庵，嘉定州（今四川乐山）人，后迁至吴中（今江苏吴县）。元末明初诗人。明初任荥阳知县，官至山西按察使，后被免官，死于劳役。以诗著称，兼长书画。与高启、张羽、徐贲号称"吴中四杰"。著有《眉庵集》等。

译文

　　花草编织的头饰上簇拥着海棠，砑罗做成的衫子上绣着丁香花。暮春无事，正值上巳节，便来郊外水边踏青。这阳光明媚、惠风和畅的日子里有人能做伴，没有什么事情需要考虑，这流水落花就由他去吧，我只顾享受这大好春光。

赏析

　　上巳节是举行"祓除畔浴"活动中最重要的节日，人们结伴去水边沐浴，称为"祓禊"，此后又增加了祭祀宴饮、曲水流觞等内容，上巳节逐渐成为水边饮宴、郊外游春的节日。本词主要写上巳节游春踏青。上阕描写游春的女子，花冠清美，罗衫净亮，少女在鲜花的簇拥下显得青春靓丽，这海棠似乎也因被少女佩

戴而显得愈发美艳，二者相互映衬，共同构成了这春日的美好画面。以花写人，又以人写春，此处的海棠、丁香，不仅仅是用以装扮妙龄少女的花朵，更是象征春日生机勃勃的美好意象，一派春和景明的情景。

　　下阕抒怀，诗人感慨这天朗气清，惠风和畅，这美好的春日有人做伴，也没有什么事情需要放在心上，不免令人心旷神怡，将游乐之兴用短短两句便描写得淋漓尽致。

　　纵观全词，诗人描绘了一个能让人忘却烦恼的春日美景，花美人美春更美交相辉映。词句质朴自然，情景交融流畅。

二月二日[1] 寄友

[明] 韩奕

频年方节两匆匆，往事闲思半梦中。
江郭[2]春寒连夕雨，海棠花信几番风。
萋萋远浦迷芳草，历历青天没断鸿[3]。
怅望思君无限意，扁舟一醉故人同。

注释

[1] 二月二：龙抬头，又称春耕节、农事节、青龙节、春龙节等。自古以来人们亦将龙抬头日作为一个祈求风调雨顺、驱邪攘灾、纳祥转运的日子。

[2] 江郭：濒江的城镇。

[3] 断鸿：离群而飞的孤雁。

作者简介

韩奕（1334—1406），字公望，号蒙庵、蒙斋，吴县（今江苏苏州）人。年少时目盲，遂匾其室为"蒙斋"。明朝后隐居，与王宾、王履并称"吴中三高士"。继承父业，精通医药，有"中吴卢扁"之号。为人稳重缄默，乐于游览山水之间。著有《韩山人集》《续集》等。

译文

多年以来，我们都匆匆忙于俗事。我回想过往的闲事，半梦半醒。江边城郭因为春寒料峭，连日阴雨，昭示海棠花开的春风也吹了许久。这杂草丛生的江边将芳草淹没，失群的孤雁也在这空旷的天空渐渐飞远消失。我想念友人你的感情无限惆怅，在这一叶扁舟里借酒一醉，半醉半醒中，友人你似乎又与我重逢。

赏析

首联即奠定全诗情感基调，二月二本该是与友人一同祈福的日子，而多年来与友人分别，诗人回想往事不禁感怀。颔联描写天气等自然环境，连日小雨，寒风料峭，春风吹了多回，用自然环境的清冷来烘托诗人内心的孤单。

颈联以写景抒情，借芳草孤雁抒怀。河边杂乱丛生的野草将香草芳兰掩盖，失群的孤雁在苍天云端显得渺小而孤寂。此联营造了一种荒凉、空旷的氛围。此外，芳草常用以比喻忠贞贤德之人，《楚辞·离骚》："何昔日之芳草兮，今直为此萧艾也。"句中以芳草喻君子，以萧艾喻小人。两人就如这芳草，如这孤雁，纠缠于俗事而天各一方。尾联则直抒胸臆，直言诗人的思念。诗人与友人多年未见，在这本该踏青祈福的日子里，只有诗人依然泛舟，而独醉后却隐约与友人重逢，戏剧性的场景将对友人的思念之深生动地烘托了出来。

整首诗从自己的回忆，逐渐写远处春日冷雨的景致，最后又回到了当前，在这个思绪的流转中，冷雨信风与海棠花结合在一起，形成了一个非常经典的海棠意象。

春日即事

[明] 瞿佑

晴日晖晖转绿蘋[1],东风应候物华新。
归来燕子已知社,开到海棠方是春。
浅碧平添湖面水,软红[2]浮动马蹄尘。
杜陵野老虽贫困,援笔犹能赋丽人[3]。

注释

[1] 绿蘋(pín):亦作绿萍,也称浮萍,又名满江红。水中植物,春季绿色,夏季红褐色,可作鱼类及家畜的饲料。

[2] 软红:柔和的红色,此指海棠,喻指繁华热闹。

[3] 丽人:此处指杜甫的《丽人行》。

作者简介

瞿佑(1341—1427),字宗吉,自号存斋,钱塘(今浙江杭州)人。明文学家。少年即有诗名,曾得到当时著名文学家杨维桢的赏识。明洪武中,以任仁和、宜阳训导国子监助教官,周王府右长史。永乐年间,因作诗谪戍保安(今河北怀来)十年,洪熙元年(1425)遇赦复原职,入内阁。诗作风情逸丽,著有《香台集》《乐府遗音》及传奇小说《剪灯新话》等。

译文

这春日晴空日光灼灼,水面生出许多的绿蘋。春风顺应时令节候而来,大自然生机勃勃。归来的燕子知道春社已近,但只有海棠花开春天才真正到来。碧绿的湖面波纹涟漪,马蹄扬起的灰尘让路边的海棠轻轻摇动。想当年杜甫虽然贫困交加,但他犹能拿起笔墨写下《丽人行》这样的讽刺诗篇。

赏析

瞿佑生于元末明初,目睹元统治者的残酷,亲身经历社会动乱,入明为官后又遭贬谪,其诗作由绮艳变而为慷慨悲凉。本诗用细腻的景致,表达淡然的愁情,也依然能看见早年作诗的绮丽风格。

首联描写艳阳高照，春风应时而生，万物生机勃勃，这一切都是如此令人心旷神怡，诗人当时的情感也可想而知。颔联引入燕子与海棠意象，春燕归来在古诗中常寓意吉祥之兆，海棠也常用以象征美好的事物，诗人认为只有海棠开放才能算作春天，直言对海棠的喜爱。颈联写湖面碧水波动，奔跑的马蹄所扬起的灰尘扰动着海棠。但同时，此处也是诗人情感的转折点：湖面有波纹本应再寻常不过，但"平添"两字，却好像说这波纹不该出现，无故扰乱平静的湖面。诗人生平坎坷，入仕又遭贬谪，可以想象，诗人本该平静的生活就像这湖面，一波未平，一波又起，"平添"烦恼。"软红"指海棠，此处也喻指诗人自己，生在路边，被"马蹄"所"浮动"，隐隐流露出诗人对命运无常、世事坎坷而又束手无策的无力感。尾联则自比于杜甫，即认为自己虽时运不济，但志气才学依旧，并以此自得。

  纵观全诗，写景言辞华丽，情则隐于其中，情感波折起伏但也细腻柔和。

题海棠双鸟

[明]张肯

双双何事为春忙,花底飞来羽翼香。
今夜且留枝上宿,莫烧银烛照红妆。

作者简介

张肯(生卒年不详),洪武三十一年(1398)前后在世,字继孟,号梦庵,吴县(今江苏苏州)人,生平事迹不详。擅长诗词,尤长于南词新声,后人评其诗作清秀俊丽,著有《梦庵诗稿》等。

译文

这相伴而飞的鸟儿,你为何种春日之事而匆匆忙忙,从花间飞来,你的双翼带来阵阵芳香。今天就让鸟在这枝头休息吧,也请不要点亮蜡烛,照亮这海棠,惊动了飞鸟。

赏析

本诗是一首题画诗,即在中国画的空白处,往往由画家本人或他人题上一首诗。诗的内容或抒发作者的感情,或谈论艺术的见地,或咏叹画面的意境。题画诗是绘画的重要部分,通过书法将诗、书、画三者之美结合,交相承应。

从这首诗可以看出,海棠、双鸟不仅成为诗歌的主题,同样也是绘画的主题。首句用拟人的手法,反问这双鸟为何如此匆忙,饶有趣味。第二句描写双鸟的动作神情,从花间飞过,羽翼扇起的微风带来阵阵清香,虽未直接描写海棠花的繁盛,但诗人从旁侧落墨,借双鸟之口将这海棠花的美艳与清香烘托出来。灵动的飞鸟与盛开的海棠相互映衬,这幅画的生动传神、技艺高超就体现在这一动一静之间。"今夜"二句,诗人劝慰飞鸟留在枝头栖息,而本诗却为题画诗,画作本是静物,所绘景致不可能自己改变,此时诗人劝飞鸟留宿,就是明知不可为而为之,颇有意趣。此画作的生动传神,被进一步表现。

纵观全诗,画面灵动有趣,似花间飞鸟婉转于眼前,从侧面赞叹了画作的精致传神。

春词(其四)

[明] 朱诚泳

海棠枝上鹊声乾,罗幕重重护晓寒。
初日半林珠露[1]重,脆红无数压阑干[2]。

注释

[1] 珠露:露珠的美称。
[2] 阑干:此指纵横交错的树枝。

作者简介

朱诚泳(1458—1498),号宾竹道人,安徽凤阳人,明宗室,朱元璋第二子秦王朱樉玄孙。成化四年(1468),年满二十岁的朱诚泳,被封为镇安郡王,弘治元年(1488)袭封秦王。《明诗纪事》评其诗"古体清浅而质朴,近体谐婉可诵,七绝尤为擅长"。著有《经进小鸣集》。

译文

海棠花枝上喜鹊鸣叫声声,这寒冷的雾气像丝罗帐幕一样重重掩盖着。刚升起的太阳才照过半林,露珠还没有散去,娇艳欲滴的海棠在纵横交错的枝丫上盛开正繁。

赏析

朱诚泳《春词》共有五首,分别就春日的不同景致做描写。

本诗是其中的第四首,首句写喜鹊叫声,又写清晨的薄雾重重,声形具备,描绘了一个朦胧清静的春日清晨。尾句则着重描写海棠、旭日、露珠等意象,一个"脆"字,极言海棠的娇艳欲滴,海棠的神态被晕染开来。纵观全诗,景色描写极具画意,表达了诗人对这沐浴在清晨阳光下的海棠的喜爱,以及观赏这春日美景的闲情逸致。

题海棠白头翁[1] 便面[2] 次韵(其一)
[明]钱洪

绿草成茵一径幽,芳园日晚罢春游。
海棠如雨啼花鸟,似怨东风白了头。

注释

[1] 白头翁:一种鸟类,额至头顶黑色,两眼上方至后枕白色。
[2] 便面:古代用以遮面的扇状物,犹今之团扇、折扇。

作者简介

钱洪,明代诗人,生平不详。

译文

青青绿草连成一片,覆盖满整条小路,静谧幽深。天色已晚,春日出游只好作罢。海棠花落如雨,这鸟儿好像也在哭泣,好像因为怨恨春风吹乱了海棠而愁白了头。

赏析

本诗是一首题画诗,共有两首,此为其一,其二为"山禽原不解春愁,谁道东风雪满头。迟日满栏花欲睡,双双细语未曾休",两首共同描写春日黄昏的白头翁,而两首也可独立成章,自圆其说。

此诗首句交代地点,绿草成茵,径深幽幽,初步描绘春日景色,营造静谧祥和的氛围。第二句则交代时间及主要事件,诗人想象自己游于画中,踏青出游,从侧面凸显画作的精美生动,令人身临其境。"海棠"句直接描写景色,海棠花落纷纷,鸟鸣犹啼在耳。尾句则从白头翁鸟出发,从侧面凸显画作的生动形象。白头翁本就头顶两侧花白,而诗人却言其因怨恨春风吹落海棠而愁白了头,拟人手法的运用,既塑造了一个活灵活现的飞鸟形象,也凸显出海棠花的精致美艳。

纵观全诗,读者虽未能见到画作真容,但透过这极具画面感的诗作,也能隐约窥见这落日黄昏,海棠纷纷而鸟鸣婉转的景致。

题海棠美人图[1]

[明] 唐寅

褪尽东风满面妆,可怜蝶粉[2]与蜂狂。
自今意思和谁说,一片春心付海棠。

注释

[1] 题海棠美人图:又为"题海棠春睡图"。
[2] 蝶粉:蝶翅上的天生粉屑。

作者简介

唐寅(1470—1524),字伯虎,一字子畏,号六如居士、桃花庵主、逃禅仙吏等,吴县(今江苏苏州)人。明代著名画家、书法家、诗人。弘治十一年(1498),考中应天府乡试第一,次年卷入舞弊案,入狱,后被贬为小吏。从此唐寅浪荡江湖,痴心诗画,成为一代名家。与祝允明、文徵明、徐祯卿并称"吴中四才子"。

译文

满面艳丽如和煦春风的妆容已经褪尽,只有可爱的蝴蝶和蜜蜂还殷勤地飞来飞去。如今我的心思该向谁诉说,我的一片情思只能寄托于海棠。

赏析

唐寅根据杨贵妃"海棠春睡"的典故,画了一幅海棠美人图,本诗即为此所题。首二句初步描写美人红妆惨淡,只有蝴蝶和蜜蜂还殷勤地不断乱飞。"可怜"二字,究竟是在可怜美人,还是可怜海棠,其中意味十足。《红楼梦》第五回曾提及唐寅的这幅海棠美人图:贾宝玉在宁府参加家宴,困顿欲睡,贾蓉媳妇秦可卿将其领入卧房,墙壁上挂着唐寅的这幅画作。末两句诗人直抒胸臆。心中涌动的情感无人诉说,只能将心思寄托于海棠,海棠作为本诗的重要情感意象,不仅指代美人,更暗指春心涌动的男女情怀。

题拈花微笑图

[明] 唐寅

昨夜海棠初着雨，数朵轻盈娇欲语。
佳人晓起出兰房[1]，折来对镜比红妆。
问郎花好奴颜好，郎道不如花窈窕。
佳人见语发娇嗔[2]，不信死花胜活人。
将花揉[3]碎掷郎前，请郎今夜伴花眠。

注释

[1] 兰房：喻指妇女所居住的闺房。
[2] 娇嗔：佯装生气的娇态。
[3] 揉：一作"挼"。

译文

昨夜下了小雨，盛开的海棠花被雨淋湿。海棠花娇柔清艳、随风摇动的样子，好似美人喃喃自语。美人清晨离开闺房，折下一枝海棠，对着铜镜与自己的容颜相比。美人问郎君，和这海棠花相比，是花更娇艳美丽，还是自己的美丽更胜一筹？郎君却说，美人你的美丽不及这海棠花。美人听见郎君这话，娇嗔道：不相信这没有生命的花能胜过活人。美人将这花揉碎，丢到郎君面前，今夜就让这花陪着君睡吧！

赏析

唐代《菩萨蛮》词曰："牡丹含露真珠颗，美人折向庭前过，含笑问檀郎，花强妾貌强？檀郎故相恼，须道花枝好，一饷发娇嗔，碎挼花打人。"词写一对情侣出游，女子折下花枝笑问郎君花漂亮还是我漂亮，情郎故意说花容比她容貌好，女子假装发怒，揉碎花朵儿抛打情人。唐寅此诗，与《菩萨蛮》极为相似，或者说是此词的"再版"。

首二句描写雨后海棠，极力表现海棠的娇艳。三四句写美人折枝海棠，春日新雨后的海棠自然清艳无比，而美人却摘来自比，是自信于自己的妆容美丽。五六句出现转折，郎君说美人你容颜不及海棠，男女间相互挑逗的欢快气氛被烘

佳人曉起出蘭房折
來對鏡比紅妝

托而出。七八句刻画美人神态，末尾两句刻画美人动作，末四句正面描写将一个俏皮怜人的美人形象刻画而出。

全词以细腻的笔触写出年轻美人的娇丽怜人、性情活泼。言辞通俗易懂，笔锋露骨。海棠作为其中重要意象，起到推动故事情节，象征两人美好爱情的主线作用。

雨中看垂丝海棠

[明] 王叔承

江花低拂座，窈窕雨中枝。
湿翠笼芳树，娇红袅碧丝。
骊山清祓[1]处，越水浣纱[2]时。
可奈[3]风前态，迷春映酒卮[4]。

注释

[1] 祓（fú）：古时一种除灾求福的祭祀。亦泛指扫除。

[2] 越水浣纱：美人西施在江边漂洗罗纱的典故。

[3] 可奈：怎奈，可恨。

[4] 酒卮：盛酒的器皿。

作者简介

王叔承（1537—1601），初名光允，字叔承，晚更名灵岳，字子幻，自号昆仑山人，吴江（今江苏苏州）人。明代诗人。王叔承年少父母双亡，不愿学八股文，家境贫寒，入赘后被丈人逐出家门。后做客大学士李春芳家。其诗为王世贞兄弟所推崇，著有《吴越游编》《楚游编》《岳游编》等。

译文

浪花轻拍岸边，雨中的垂丝海棠窈窕多姿。雨雾蒙蒙，满树绿叶显得青翠欲滴，这红艳的海棠也在翠叶的映衬下显得分外袅娜柔弱。想那海棠出现在骊山祭扫之处，越水浣纱之时，都有着婀娜的姿态。只恨春风前花朵飞落的姿态，这让人迷恋的春色正映照在酒杯中。

赏析

本诗题目点明了诗歌是因雨中欣赏垂丝海棠而作。诗人先从总体上描写了海棠开放的景色。远处江中的水花吹涌着岸边，雨中的枝条更显得窈窕。然后画面转向更近处，湿翠的空气笼罩在树上，而海棠花的红色与枝叶的绿色交相辉映。这些描写可以说都和传统的海棠诗歌相似，但诗歌后边则传达出不一样的情致。

诗人由眼前而浮想联翩，既想到了骊山上祭祀的场景，又想到了西施在江边浣纱的故事，无论是秦始皇的骊山，还是西施浣纱都饱含历史感。诗人通过思通古今，来表现海棠所引发的万千思绪，并表明海棠可能出现在这些经典的历史场景中，见证其中的繁盛与衰亡。诗人又从古代重回眼前，见到海棠在风雨中飘摇而落的姿态，与之前的历史遐想相映照，进一步突出了海棠花所承载的愁思。最后满眼春色都倒映在酒杯里，诗人也同样以借酒消愁的意象结束了整个诗歌。诗以海棠起，以饮酒结束，海棠花与饮酒意象的结合无疑再一次成为诗人常用的意象组合范式。

清代

咏白海棠

[清] 曹雪芹

半卷湘帘[1]半掩门，碾冰为土玉为盆。
偷来梨蕊三分白，借得梅花一缕魂。
月窟[2]仙人缝缟袂[3]，秋闺怨女拭啼痕。
娇羞默默同谁诉，倦倚西风夜已昏。

注释

[1] 湘帘：用湘妃竹做的帘子。
[2] 月窟：月中仙境。
[3] 缟袂（gǎo mèi）：白色衣物。

作者简介

曹雪芹（约1715或1721—约1764），名霑，字梦阮，号雪芹，又号芹溪、芹圃，江宁（今南京）人，清代小说家，出身于官僚家庭。康熙年间，家族显赫一时，曹雪芹在南京江宁织造府过着锦衣玉食的生活。后曹家因亏空获罪被抄家，家道从此没落，贫困如洗。曹雪芹爱好广泛，对金石、诗书、绘画、园林、中医、织补、工艺、饮食等均有所研究。因其博览多才，见识广阔，却也一生坎坷，得以著作中国古典名著《红楼梦》。

译文

湘帘半卷，门扉半掩，将冰碾碎为土，用白玉作为花盆。这海棠像是从梨蕊那里偷来了三分洁白，又像从梅花处借得一缕香魂。好比是月宫仙人在缝制洁白的衣裳般美好，又如闺中的娇柔姑娘在擦拭哀怨的泪痕。这海棠一脸娇羞，满腹心事却无人可诉，疲倦地倚靠在窗边，任凭西风吹打，送走一个个黄昏。

赏析

本诗出自名著《红楼梦》第三十七回，探春写信给宝玉，提议结社作诗。刚好贾芸送给宝玉两盆海棠花，众人便借此结为了海棠诗社。其中共六首《咏白海棠》，此诗为曹雪芹以林黛玉身份所作。

首联写在一个卷帘半收、门扉半掩的房间里，这白海棠的花盆是由白玉而做，而土是由冰碾碎而成。正所谓冰清玉洁，常用以形容人品高尚、操行清白，用冰与玉来供养白海棠，想必这花也必定是素洁高雅之至。颔联则借李蕊梅花，正面描写白海棠，这海棠白净堪比李蕊，又如梅花般淡雅。颈联将白海棠比作月宫仙人所缝制的"缟袂"，而这"缟袂"又被闺中怨女用以擦拭泪痕，从侧面表现出白海棠略带哀怨的一面。尾联写白海棠的"心事"无人诉说，只能在西风中见证一个又一个黄昏，刻画了白海棠充满娇柔而又倦怠无神的神态。

　　林黛玉生性多情哀婉，又因寄人篱下而更加愁苦，书中黛玉作诗，也常有哀怨倦怠之情，如著名的《葬花吟》，这种多愁善感在本诗中也有体现。纵观全诗，黛玉极力渲染白海棠的高雅素洁而又有淡淡哀怨，借海棠之口感怀自己孤苦伶仃而无人知晓的愁情。

后记

海棠一直是中国历史上有名的观赏植物，早在先秦时期已经成为中国先人有意识种植的对象。在《诗经》中就有关于海棠的记载。在汉代，海棠花进入皇家宫苑，成为群臣献给汉武帝的名贵花卉。到唐代，海棠已经出现在大量的诗歌之中，海棠花成为蜀地重要的地域名片。从五代到宋代，人们对海棠花的喜爱可谓达到鼎盛。五代时存在大量关于海棠的绘画，而宋代上至皇帝，下至文人，都喜欢以海棠作为诗词重要意象。尤其是在苏轼、陆游等名人的推动下，海棠花成为后世文人不断吟咏的对象。

海棠诗词作为历史上重要的文化宝藏，是古代诗词文化与海棠园艺文化的有机结合。对这些诗词的整理与赏析实际上是对我国传统文化的重要发掘，这也正是本书编写的重要目的。在本书编写过程中，先收集整理了 800 余首与海棠相关的古代诗词作品，再根据历史影响、作家身份、艺术特色等方面标准，精心选择百余首，对其作者进行简单介绍，对作品中的字词读音进行简单注释，同时配以通俗的译文，细致的赏析，以供读者一步步深入理解每首作品。所有作品以朝代进行划分，然后以作者出生年代为序排列。同一作者的作品，如果能考证写作时间，也以时间为序进行排列。最后，为了还原古代海棠意象在绘画中的表现，特选择 30 首作品，配以古风插图，以展现海棠之美。

本书的编写缘起，主要是由于海棠育种专家张往祥教授对海棠文化的积极推崇。在张教授的多方努力之下，本书经过诗词选定、赏析编写、插图配置、校对修改得以完稿。

在本书编写过程中，承蒙南京师范大学俞香顺、程杰、化振红教授审阅了初稿，并提出了许多宝贵的意见，在此表示诚挚的感谢。同时，本书的编写也受到了南京林业大学社科处的大力支持。但限于编者的学识，书中难免有所疏漏，敬请读者批评指正，以备后续择机修订。

编者
2022 年 8 月 4 日